人类行为心理学

[美]约翰·华生 /著
文竹 /译

吉林出版集团股份有限公司

图书在版编目（CIP）数据

人类行为心理学 /（美）约翰·华生著；文竹译．
—长春：吉林出版集团股份有限公司，2018.8
ISBN 978-7-5581-5845-2

Ⅰ.①人… Ⅱ.①约… ②文… Ⅲ.①行为主义–心理学
Ⅳ.① B84-063

中国版本图书馆 CIP 数据核字（2018）第 231356 号

人类行为心理学

著　　者	［美］约翰·华生
译　　者	文　竹
出　　品	吉林出版集团·北京汉阅传播
策划编辑	周耿茜
责任编辑	王　平　史俊南
装帧设计	一个人设计
开　　本	710mm × 1000mm　1/16
印　　张	14
版　　次	2019 年 1 月第 1 版
印　　次	2019 年 1 月第 1 次印刷
出　　版	吉林出版集团股份有限公司
发　　行	北京吉版图书有限责任公司
地　　址	北京市西城区椿树园 15-18 号底商 A222 邮编：100052
电　　话	总编办：010-63109269 发行部：010-63104979
邮　　箱	beijingjiban@126.com
印　　刷	天津中印联印务有限公司

ISBN 978-7-5581-5845-2　　　　定价：39.80 元

前言

PREFACE

美国心理学家约翰·华生（John Broadus Watson）是行为主义心理学——20世纪初影响力最大的心理学流派——创始人，在心理学领域有着举足轻重的地位。不仅如此，华生还勇于拓展，将行为主义研究方法应用于儿童教养、动物研究和广告，对美国心理学产生了深远影响。

1878年1月9日，约翰·华生出生于美国南卡罗来纳州的特拉弗勒斯·雷斯特，父亲皮肯斯·巴特勒，是一个暴戾的小农场主，母亲艾玛，是一名虔诚的美南浸信会信徒，对华生的管教非常严格。

华生的少年时期是黯淡的，13岁时，父亲抛妻弃子，远走高飞，无奈的母亲只好卖掉农场，和华生一起搬到了格林维尔镇。在这里，华生总是受到同学们的歧视和嘲讽，心情不佳，学习也是一塌糊涂，华生还曾两次因为行为出格而遭到逮捕。

华生的人生旅途并不是一帆风顺的，他先是攻读神学，后来专修哲学，最后进入芝加哥大学学习哲学。在心理学家安吉尔的影响下，他开始学习心理学，并以博士的身份留任芝加哥大学，负责教授实验心理学。1908 年，华生到约翰·霍普金斯大学出任实验室主任。

在霍普金斯大学工作期间，华生取得了骄人的成绩。1913 年，他发表了《一个行为心理学家眼中的心理学》，被誉为行为心理学诞生的宣言。次年，他又出版了《行为——比较心理学导论》一书，已经初具行为心理学理论体系的轮廓。1915 年，他被推选为美国心理学会主席。1918 年，他的代表作《行为心理学观点的心理学》出版，系统地描述了他的行为心理学理论体系。

行为心理学在心理学领域异军突起，影响力极大，并慢慢发展成为一门自然科学。当然，随着社会的不断进步，行为心理学也遭到了很多非议，但我们并不能因此否认华生在心理学方面的突出贡献。美国哲学家、心理学家古斯塔夫·伯格曼说："他不仅是一个实验心理学家，还是系统的思考者和方法论者。尤其是在最后这个领域他作出了重大贡献。"

第一章　心理源头：跟你说说行为心理学的概念

第二章 习惯性行为：最原始最根本的行为心理学

第三章 克服妒忌心理：如何克服嫉妒心理

第七章 天赋与本能：行为心理学家眼中的人体潜能

第八章 情绪心理：人类天生的情绪反应

第十章　言语与思维：行为心理学中的思维分析

第十一章　婴儿行为心理：人类最本真的行为反应

第一章

心理源头：跟你说说行为心理学的概念

行为心理学一反传统心理学通过自我省察的方式，对千变万化、稍纵即逝的“意识”进行研究，对人的意识进行直接反应，对一些显而易见的特点进行分析，也就是研究人的行为本身，所以有非常深远的影响。因此，行为心理学在研究方式上，力主省察客观行为的实验方式，而不是省察意识。只有对行为心理学的基本概念有清晰的认知，才能对行为心理学有透彻的了解，因为这样才能引导我们突破原有的心理学观念的瓶颈，把意识占主导地位的思想的中心观念给完全摒弃掉。

1. 行为心理学中的刺激与反应

当夜幕降临探照灯的光打到人的脸上时，会快速引起人们瞳孔的收缩，而适时切断光源，则会再次引起人们瞳孔的放大。假如忽然有东西在安静的室内坠落，并引发不小的震动，那么就会吓到屋内的所有人，并紧张得左顾右盼。又假如，室内一股恶臭袭来，屋内的人都会一脸厌恶地跑到室外去。而升高屋内的温度，屋内的人就会大汗涔涔，并把上衣脱掉，反之，屋内的人又会冷得瑟瑟发抖，并彼此拥抱。

我们体内有很多部位，都会在受到刺激时发生作用。比如说，当腹内空空时，胃部的肌肉就会出现有规律的收缩动作，如果腹内被食物填满时，这种收缩动作就会停止。人躯体上的肌肉不但会受到从血液来的刺激作用，而且还会被自身的张力所约束，张力的大小和肌肉与躯体的活力成正比。

环境客体会不停地刺激作为有机体的动物和人类，身体内部组织本身的变化所带来的刺激也包括在内。可是有一点要引起我们的关注，我们身体内部组织带给我们的刺激，和我们所受到的外部客体的刺激相比，二者并没有太大的不同。

人类不仅有一些感觉器官，也有包括横纹肌、非横纹肌在内的整个肌肉系统。这些肌肉在人类行为方面意义重大，不但是反应器官，还是感觉器官。正是在横纹肌和内脏组织的变化所带来的刺激作用的基础上，才有了人类的大部分反应。

假如有人对人类行为的成长过程留意过，就会发现这样一个现象，尽管有很多刺激都会让新生儿发生反应，可是依然有不少刺激不会让他们发生反应。举个例子来说，当新生儿受到蜡笔画或贝多芬的交响曲乐谱的刺激时，他们是不会做出任何反应的。接下来，我们会和大家一起对那些通常不会带来反应的刺激和那些可以给我们带来反应的刺激——也就是我们所说的“条件反射”进行研究。

在人的一生中，时时刻刻都会受到各种刺激，有来自于内部的，也有来自于外部的，而有机体一旦受到刺激，就会有所反应，采取相应的行动。有通过肉眼即可观察到的大幅度的反应，像手臂、大腿和躯干的运动，有必须通过仪器才能观测到的非常细微反应，表现形式也许是呼吸的变化，也许是血压的变化，也有可能是一丝不易被人觉察到的眼神。

通常情况下，为了和刺激所带来的反应相适应，有机体会本能地给出反应，采取运动的方式，对自身的生理状态进行调节，以远离刺激作用。读者可能还会觉得疑惑，可是通过下面的例子，我们就很好理解了。还是拿饮食来说吧，当人觉得腹内空空时，胃部的收缩反应就开始了，我们就会觉得不舒服，心理上不平衡，于是开始四处搜寻食物。如果这时我们看到冰箱里有面包奶酪，我们就会大快朵颐。等我们吃饱喝足以后，我们的胃部就恢复正常了，我们不会再想吃东西，即便我们的眼前充斥着各种让人赏心悦目的食品。再举一个例子，当寒冬来袭时，当我们感受到猛烈的寒风的侵袭时，我们会不由得快走几步，或者找到一个温暖的地方来取暖。再比如说，当我们醉酒时，脾胃为了不使自己遭到伤害，也会强迫人呕吐。以上这些事实上都是有机体为了和刺激相适应，不伤害自己而给出的反应。

行为心理学家如此看重刺激——反应，并进行了如此深刻的研究，让一些心理学家颇有怨言。在他们看来，行为心理学家的关注点是对肌肉的反应进行记录，而这些对肌肉反应的归纳并不会在实质上帮助心理学分析。在此，我不得不说，行为心理学家重点是对整个人类的行为进行关注，而不仅仅停留在肌肉反应上。行为心理学家在进行有针对性的分析时，会对一个人完成工作时的状态进行观察，他们之所以研究反应，只是想让人们明白，一个人此刻在做的事情是什么，以及他这么做的原因所在。因此，人们是无法容忍那些声称行为心理学只是对肌肉反应进行研究的心理学家的，他们严重扭曲了行为心理学。

2. 行为心理学和社会的关联

在实验社会发展时，以下两种场景是我们经常会遇到的：

首先，当社会状况特别糟糕时，我们要如何拯救自己？通常情况下，现实生活中的我们都会冲动地行动，而行动之前，又往往会这样告慰自己：处于当前的形势下，我们这样做尽管不能保证一定会平步青云，但最起码要好于现在。事实上，这是在对社会实验会引发什么样的反应一无所知的情况下，所做出的应激行为。

其次，想要某个特定的群体做某件特定的事，可我们并不清楚怎样才能让那个特定的群体有这样的反应。第一个社会实验是不知道反应是什么，而第二个社会实验与之不同，它之所以掌控刺激，是为了看刺激能不能带来某种特定的反应，而不是为了看会有什么状况发生。

通过举例，我们可以对中间存在的差异进行解释。生活中，我们时常可以见到第一种社会实验，人们通常不能预测其结果，比如说战争就是最具有代表性的例子。我们无法预测国际和国内在一个国家发生战争时会有怎样的反应。

还有就是当社会困境来袭时，会出现的一些冲动地应对行为。美国社会因为酒吧所带来的深受指责的影响是众所周知的。因为酗酒使得家庭暴力问题频发，所以政府颁布了禁酒令，用来对妇女权益进行保护。可是，我们无法预测这个政策会带来什么样的社会波澜。对于那些对人类罪性和地域文化充满热情的学者而言，尽管他们没办法预测禁酒之后的社会状况，虽然他们本意是想以此为契机来让犯罪率降低，让婚内出轨的情况大大下降，可是他们也很清楚，禁酒并不会降低犯罪率。因为禁酒令的公布，地下私酒买卖特别猖狂，贩卖私酒这一行当让很多人赚得盆满钵满，也最大限度地挖掘了酒贩子的潜力——为了运酒，有人掏空福特汽车的中部，有人把婴儿车也派上了用场，在家里存放酒的地方，还有人装上了假门。此外，禁酒令所带来的社会问题也是相当严重的，人们酗酒的欲望并不会因为这样一纸法令而消除，尽管对正规市场颁布了禁令，可是却极大地促进了地下黑市的发展。更加糟糕的是，在没有实施禁酒令前，黑社会因为缺少财政依据而不温不火，而实施禁酒令以后，美国的黑社会因为私酒交易获得了极大的利润，因此得到了飞速的发展。同时，警察的腐败程度也越加严重，犯罪率越来越高。虽然颁布禁酒令的初衷是想让国民的道德情操得以升华，可是结果却是，数以万计的公民却因为私酒交易而丢了性命，有被枪杀的，也有酒精中毒死亡的，而且凶杀案一度泛滥。十年以后，很多美国人都极力要求把禁酒令撤销。当时美国经济大危机正在如火如荼地上演，全国上下都人心惶惶，美国人衷心希望美酒的芳香可以让他们紧张的心情得以舒缓，让他们再次对新生活充满热情，希望衰败的经济可以因为再次启动的酿酒业和售酒业而得以复苏。从最后的社会现状来看，禁酒令无异于一场闹剧，是对社会现实的冲动操控。

以上状况都是第一种社会实验所带来的，之所以会出现这样的状况，只是为了对恶劣的现状进行改变，并没有清晰的想要达到的反应和目的，其行动充满了盲目性、随意性，根本谈不上有逻辑。

现在我们开始对第二种社会实验进行探讨，那就是在已知反应和得到社会允许的前提下，我们要怎么做，才能让刺激所带来的反应向刺激本身发展。我们必须设置很多刺激方案，之后严谨地进行检测才能实现这个过程。通常情况下，婚姻的美满、未婚者的隐忍、参加教会，以及积极履行基督教的要求是得到人们认可的反应。为了达到这些已知的反应，我们需要对刺激源进行过滤，找出一些合适的刺激方案。我们不妨这样想象一下，行为心理学家在处理社会问题时，采用刺激——反应的方程式，在刺激所带来的反应中，把可观的数据资料累积起来，然后从带来已知反应的刺激中，对刺激源的数据进行设置，这样一来，行为心理学家的研究就会因为这套数据资料而让社会获益匪浅。而且，行为心理学家相信，真正的社会心理学是从刺激——反应的方程式出发，对社会现象进行理性分析，并以此为根基创立的社会学的结构和知识。

3. 在生活中创建一套具有实际意义的自己的心理学标准

我们已经详尽探讨过行为心理学在对刺激——反应方式进行剖析时所遇到的问题。可是这只限于实验范畴，我们不禁要问了，我们是不是可以在现实生活中，通过对人们的行为反应进行观察，建立一套专属的实用心理学的标准呢？当然可以。差不多每个可以照顾自己的人的观察能力都是卓越的，而且具备一定的心理学知识，哪怕并不是所有人都可以自如地用心理学术语把这种知识表达出来，可实际上，其应用和心理学差不多。

一个人只有具备这种观察能力，才能在社会上生存。而且，擅长观察的人假如再细致一点，对人和自己的观察程度就越深，越容易和他人搞好关系，而这一点也是幸福生活的核心所在。这可以理解成心理学的应用，也因此得名“实践心理学”。

有个在生活中特别疲惫的人上周请我为他进行心理辅导。原因是，前几天他参加了一次远在其承受能力以外的健身运动，使得他像分娩的妇人一样痛苦难耐，而且不停地抱怨着一些糟心事。我用言语劝慰他：“请慢慢把你的臂和腿放松，把该做的事做完以后，去泡个热水澡，一切就会回到正轨。”目的是让他不那么紧张。他遵照我的话，开始专心吃早餐，心情也变得明媚。我们早餐吃完以后就跑去坐火车，可是因为来晚了，火车已经出发了。于是他再次暴跳如雷，抱怨声不断：“那么久以来都不准点，结果今天却准点了。”他像个孩子一样发飙，任谁都能发现，他现在心情很不好。

仅仅因为这么一件不值一提的事，他就再次让自己这么焦躁、忙乱、生气，不难发现，在日常生活中，他是多么受折磨。看到眼前的情景，我只能警告他：“你要注意自己是如何为人处世的，假如你经常朝身边人发火，不仅会对别人的感情造成伤害，还会让原本美好的一天变得糟糕。”听了我的话，他试着让自己平静下来，微笑着和办公室的同事打招呼，然后开始忙自己的工作，在自己所熟悉的技术世界中游刃有余。

通过对他这一天的生活状况进行观察，我已经比较了解他了，也相信凭借自己的力量，可以让他的个人世界来个一百八十度的大转弯。假如我有空陪着他，一起运营工作日，也渗透到他的家庭生活，要不了多长，他的生命状态就会有很大的改观。通过观察，我对他的个性有了深刻的了解，然后就明白了在生活中的哪个方面，他的处理方式是有问题的，他的人际关系怎么样，家庭和事业状况又是怎样的。而我不需要他采取自我觉察或从心理层面剖析自己的行为的方式将这一切表达出来。行为心理学家只需要坚守相应的原则，在某些方面锤炼他，也许只要几个星期，一两个月，你就会看到一个焕然一新的人。因为行为心理学家就是如此笃定，心理学不仅仅可以对变幻莫测的个人意识进行研究，还可以和个人的生命进行真正意义上的融合，并深刻地影响他们。

可能这样的观点在有些读者听来，会觉得太过于夸张了，可是我们可以尝试着让它慢慢和自己的生活相融合。在学砌墙时，没有人会用自己的房子做实验，因此在一开始，用心理学对自己的生活加以改变时，你要做的是，不停地观察、研究别人的行为心理，并以此作为参考。你只有系统地整理、积累自己在日常生活中所观察到的现象，隐讳地加以表述，以达到相应的认知水平，让自己印象深刻，才能更深入、更系统地对自己的观察力和行动力进行培养。如果你这样表述："我见到过的最镇定的人就是他了，他说话一直都很平静。我以后是否可以做到像他那样呢?"那么，你必然会受到这种语言的刺激，它已经间接地暗示了你，也就是"我也想做像他那样的人"，它会以这么谦逊、委婉的形式表现出来。今后，它就会不知不觉地对你的行为产生影响，直到你真的成为像他那样的人。

毋庸置疑，我们主张通过观察，来让自己有能力对事物加以辨别，对人物加以审查，也一定要关注格言的重要性。格言就是历史上代代相传，经过多次锤炼以后所形成的社会实践语录。因为通过自己的观察所得到的东西，更易内化，变得合理，而一味对二手材料进行吸收，则极易形成僵化的方程式思维，因此，我们必须关注对自身的观察力的培养。可是对于这种集体社会实验的汇总，我们也不需要一概排斥，只要我们通过自身的观察、剖析，检测过这些格言，我们就可以让其变得合理，变成自己的。

4. 行为心理学应该演变成为一门学科

在本书中，为了帮助大家对我们的观点进行了解，我尽可能给大家提供详尽的实验资料。虽然大家还没有认可其中的一些东西，可是你们一定会因此陷入深度的思考之中，随着岁月的流逝，我们也会更加完善我们的观点。可是我在这里想说的是，我希望通过本次讲座对这样一点进行阐述：当这样一种心理科学，也就是一种趣味盎然、有意义、自成一体的心理科学存在时，从某种意义上来说，我们在对人类生活进行探讨时，一定少不了它这个根基。因此我觉得，行为心理学应该发展成为一门独立的学科，因为完善的生活不能缺少它这个根基。我们所有人在对自己的行为进行认知时，都会以一个核心原则为依据，而在对这一原则进行认知时，行为心理学又给我们打下了根基，所以，所有人都应该因此期盼再次对自己的生活进行设置，尤其是给孩子的健康成长铺下基石。我希望自己有更充裕的时间来对这一点进行阐述。

我们应该让所有可爱的孩子平安、快乐地长大，假如我们可以在自己的努力下，对他们进行塑造，之后把一个可以对其组织进行历练的世界献给他们——这个世界没有被几千年以来的民间传说所绑架，没有遭到令人羞愧的政治历史的阻隔，没有遭到无用的风俗的约束。我并不是要求大家变革，也不是要求人们去创建一个殖民地，实行裸露的公有制制度，抑或要求人们对“自由之爱”进行追逐，或者只吃树根和草本植物。我只想带领你们对一种语言的刺激加以追求，假如这种刺激真的发挥了作用，那么就会逐步改变这个世界。由此一来，我们在培养孩子时，就不会止步于奴隶得到的自由，而会关注到一种行为心理学自由，尽管我们难以用语言表述出来，也了解不多。在我看来，这些孩子是可以依照顺序，采用更完善的生活和思考方式，重新恢复这个社会。他们会依照顺序，采用更完善的方法培养自己的孩子，直到这个世界变得宜居。

5. 摒弃灵魂，科学也是心理学

我们若是将行为心理学和传统心理学作比较，不难发现这两者之间的最大区别就是：认为心理学最关键的研究方向便是人的意识是传统学派的观点，而行为心理学派却认为心理学真正的方向是人类存在的活动和行为。行为心理学派认为，古人所说的“灵魂”和我们所讲的意识应该是同一个概念，不过就是表述的不太一样而已，这个观点不仅没有定论，更没有什么用处。所以，传统心理学事实上是一种被心灵体验所束缚的宗教哲学便是行为心理学派的观点。

我们先来回忆一下行为心理学出现之前，也就是传统心理学派曾无比辉煌的 1912 年以前的情况，再来探究行为心理学。

没有人可以搞清超自然和灵魂的观点究竟是如何形成的，这个观点的来历已经十分久远，若要追根溯源几乎已经没有可能。不少人会认为，这样的想法可能是一部分人在非常慵懒的情形下臆想出来的。在远古时代，也有一群不愿和同伴共同劳动的人们，他们对任何活动都无动于衷，因此他们就有了很多了解同伴的机会。因此，在他们慧眼之下，人类的本性那朦胧的外衣被渐渐地褪去了。

他们观察到，大自然中一些不合常理的声音，就像雷声或轰隆声，这样的声源就能让他们的同伴们恐惧无比，他们会放下所有劳动，咆哮或痛苦地四处躲藏，甚至于会产生很多无法想象的行为。

久而久之，人们在此种境遇中，就形成了我们所说的条件反射，也就是说只要受到环境的影响，他们就会采取适当的行为来保护自己。因此，这些无所事事的人察觉到这一点，他们之中某些头脑精明的人便利用人们的恐慌心态，想出一些计策来让大家感到害怕，意图掌控他们的行动。在我们日常的生活中这样的例子有很多，一般父母们会使用这样的手段来对付孩子。比如在雷声大作的夜里，他们会跟孩子说晚上会有很多坏人出现，赶快睡觉等这样的话，这样的招数往往非常灵验。远古时代，某些才智更优于同类的人，便会以这样的手段来达到自己的目的，他们还会借助各种工具，比如“阵法”“象征”等，来掌控那些愚笨无知的粗人，巫医就是最具代表性的实例。他们凭借为人们卜卦、驱邪、出谋划策来得到丰厚的物质回报，他们所付出的劳动是很微小的。还有那些能预见未来的专家们、能解除疾苦的专家们都是这类人。在时代不断的进步下，就自然而然地出现了巫医组织，他们才智出众，成为众人的首领，所以教派、庙宇、宗教便应运而生。在当下的社会，巫医组织仍然存在。

宗教之所以能够存留，恐惧是不可或缺的条件。人类心理学史的报告体现出人的许多行为会因为恐惧的袭击而改变，也就是说他们的行为不是出于自愿的，而是因为害怕而形成的条件反射。不过也不能完全将宗教定义为是恐惧的产物，它存于世间的最大意义就是解救人的灵魂。比如教会，它在解救恐惧的过程里，对上帝虔诚的人们首先要领会“邪念”“罪恶”等这些名词，那么在这个组织里牧师也就代表着管家的身份，而上帝就是最高组织，也就是说耶和华便是所有信徒们的首领。

既然历史的累积如此丰厚，那么世间任何人的灵魂都能和躯壳分开，它曾经是上帝的某一部分。我们都会有和身体互相独立的灵魂部分，也就是说身心分离，这个观点就形成了哲学上一个新的名词——“二元论”。二元论便是传统心理学的核心观点。质疑灵魂的存在就会被扣上异教徒的帽子，在远古时代出现这类的行为将必死无疑。就算是在如今的社会，这样的观点人们也是非常赞同的。

自然科学的进步在文艺复兴时期让人们没有把灵魂这一名词放到如天文学、天体力学等这些范畴。当历史不断地进步，一部分自然科学将灵魂问题丢弃，不过哲学、心理学在不断进步的历史长河中，对于非物质对象的思索仍然十分执着，当表述理论的时候也无法将宗教的语言舍弃。直到19 世纪末，灵魂和心灵的观点对心理学的影响力才逐渐淡化。

因为自身探究对象的不稳定性和复杂化，尽管心理学的发展历程十分久远，可是在很长一段时间里，它的地位都没有得到认可。由于科学技术的不断前进和工业的飞速发展，人们的生活条件逐渐变好，希望心理学自立门户的人群渐渐扩大。首个提出心理学是一门科学的就是赫尔巴特，不过他对于运用实验的方式来探究心理学不太赞同。为了维护自己的哲学观念，费希纳从物理学层面对心理学做了实验，尽管他的本意并不是为了创立心理学科学，不过实验心理学却有了一个很好的开始。在 1879 年，世界上首个以心理学研究为核心的实验室成立，以实验法创立了全新概念的实验心理学体系，让心理学独树一帜，站稳脚跟，他就是伟大的冯特。他的一位学生曾经感慨，如果舍弃灵魂，最起码心理学会成为一门科学。不过这 50 多年来，冯特所创立的伪科学被我们守护的很好，现在来探究冯特和他的学生们所做过的所有成果，不难察觉到事实上是由于新的意识观点取代了灵魂的观点。

6. 突破主观的行为心理学

有鉴于传统心理学没办法将其学说陈述清楚、明白，行为心理学家决定放弃那些难以捉摸的意识和不可能达成一致的各种论调。他们打定主意，不再研究心理意识，否则的话，心理学就永远不能跻身于自然科学的大门内。如今，医学、化学、物理学都成绩斐然，其中很多科学家都名声在外，可是心理学却始终没能取得丝毫进展。在上面成绩卓著的领域内，科学家在实验室取得的所有成就的性质都至关重要：所有来自于实验室的要素，在其他实验室里，也同样可以被提取出来，而且都遵循着科学的脉络被直接解决掉。像众所周知的镭、胰岛素、甲状腺素，以及许多让人瞠目结舌的发明，都可以在性质一样的实验室里被挖掘出来，而且挖掘方式清楚、明白。在促进人类社会前进的过程中，像这样严谨、客观的实验方法的作用是极其显著的。

也正是基于这个原因，在行为心理学家看来，任由传统心理学的自我意识捕获的研究发展成为一种习以为常的局面是不可取的，必须来一次彻底的变革。首先他们必须要解决的一个难题就是统一研究课题和研究方法，对中世纪以来的所有观念进行梳理以后，把自己的心理学问题的公式提出来。比如“感觉”“知觉”“意象”“愿望”“意念”“情绪”“思维”这样的立足于主观的术语，如今，研究者都要立足于公正、客观的角度，消除所有立足于主观的术语。

7. 行为心理学家的研究纲要

行为心理学家提出了这样的疑问：之前我们在对心理学进行研究时，关注的一直都是不能被客观观察的事物，这让观察者本身在捕获意识时也显得心有余而力不足，使得实验的过程的客观性不足，实验的结论经不起检验，不能被推而广之。既然如此，我们何不转换视角，直接对客观行为进行观察，而不再关注变幻莫测的意识的捕获分析。我们为什么不直接对客观行为的规律进行阐述，放弃对客观性、规律性都不足的意识进行剖析？我们前面观察了那么长时间，得出了什么结果？我们只是对行为进行了观察，对一个有机体的言行举止进行了观察。尽管语言活动是表现在外的，是对思维的外在表现，可是思维本身也是内隐的语言，是一种具备客观性的行为。

行为心理学家提出，用“刺激——反应”的公式来对人类的所有活动进行说明。“刺激”的概念是通常环境中的任何客体对主体所产生的影响力，抑或是主体本身的生理所发生的内部变化。比如说，在实际生活中，我们可以批评一些好逸恶劳的人，或者不允许一些人吃东西，也可以适当地处罚一些人的不合理行为，站在这些人的立场上，我们对他们所产生的影响力就是对客体的刺激。那“反应”又是指什么呢？动物的所有行为都可以用“反应”来称呼。趋利避害是一种反应，突然遭到变故而惊慌失措也是一种反应，读书写字、倾听、组建家庭、筹备工作等都是反应。一言以蔽之，行为本身就是反应。因此行为心理学的研究纲要，就是通过“刺激——反应”，观察、分析、说明、归类人的所有行为。

8. 行为主义与心理学、生理学

当行为心理学家把自己对心理学问题的看法提出来以后，质疑的声音就出现了："采用研究行为的方式对人的心理进行研究当然是有意义的，可是不能以偏概全，而且也没有重视很多其他问题。一个人不可能没有感觉和知觉；不可能不会忘记一些事情；那些进入人的眼睛和耳朵的东西势必会带给人视觉和听觉上的刺激；那些事物的印象和感情对于人来说，不可能只会带来一些生理上的反应；一个人能不能从现实情况出发，对一些事情拥有决断权？这难道是要带给我们这样的感觉，相比要我们相信这些感受是真实的，在行为心理学的影响下认可它们虚假的事实还好一些？这也太荒诞了吧，行为心理学家正大张旗鼓地宣扬自己的立场，试着把人类社会的所有感情、印象和信仰的真实性都打破。"

这些质疑和观点，就像我们所了解的一样，衍生了内省心理学。可是兜了一大圈以后，你们最终会发现，假如不把这些来自于主观感受的心理学术语抛到一边，人就难以站在行为心理学的立场上，去对行为背后的所思所想进行说明。不能用旧瓶子装新酒，因为旧瓶子会破，新酒就会洒，所以我们要准备一个新瓶子。你们必须先把一些禁锢在你们脑海中的观点给舍弃掉，降低了自然对抗性以后，才能更容易接受行为心理学，这样一来，你们以后在生活中就会自然而然地接受行为心理学的理论，来对你们曾经用传统心理学没办法说明的问题进行说明。对于你们一向使用的心理学术语，事实上你们根本不知道是什么意思，可是当行为心理学的观点根植入你的脑海以后，你们就会发现，在很多时候，这些术语会让信奉它们的人进退两难，而且不知道说什么好。可是现在，在你们的现实生活和传统文化中，这些术语已经深深地渗透了进去，在接下来的共进中，衷心希望我们把这些让人疑惑的术语给抛到一边。

在心理学研究中，内省法这种方法并不简单，也不是水到渠成的。事实上，它根本无法实现。研究者如果采用这种方法，会让自己深陷囹圄，茫然无措。事实上，人的基本反应形式才是我们可以直接发现的。着眼于行为心理学，对生活中的事物进行观察，举例来说，先在日常生活中对你的邻居开始观察，慢慢地，你就可以准确地推断出推进人的行为的缘由或者场景，甚至有可能变成这方面首屈一指的人物。

因为人类的客观行为反应被行为心理学拿来研究，所以它已经隶属于自然科学了，生理学是它最好的伙伴。生理学对动物器官的作用，像消化系统、循环系统、神经系统、排泄系统、神经和肌肉反应的机制等非常有兴趣。行为心理学刚好掌握了生理学知识，而且运用到了对动物和人的行为的解释中，而行为心理学家在对器官功能有所感触时，对人和动物一整天的行为更加有兴趣，远比路人甲有兴致得多。行为心理学家想效仿物理科学家渴望通过研究自然现象，而对自然现象进行掌控一样，他们想通过剖析行为这种方式，来对人和动物的行为进行掌控，而这也是行为心理学家研究事业的起始点，当然这一切的前提是实验。通过实验的方式得到相应的数据时，行为心理学家就会对这些数据进行梳理，这时经过训练的人就可以依据外界给予的刺激，对人和动物做出的反应进行预测，也可以据此对引发它们出现这种反应的场景进行推断。

在继续我们的探讨之前，我们先来深层次剖析一下刺激和反应这两个术语。

9. 习得性反应与非习得性反应

根据我们惯常的理解，反应可以分为外部反应（external response）和内部反应（internal response）两种，而外显反应（overt response）和内隐反应（implicit response）是行为心理学的叫法。日常生活中可以看到的行为就是外显反应，也就是通过人的肉眼就可以观察到的行为，不需要借助仪器才能观察到的行为，像一个人踢足球、在餐厅里跟人交谈、向异性表达自己的爱慕、开车等都是外显反应。还有一些通过肉眼观察不到的，通过行为也无法发现的反应，因为这些反应只在体内的肌肉和腺体细胞中存在。比如，一家餐厅的外面，正有一个饥肠辘辘的人来回走动，不时看一眼餐桌上的美味。外人可能会觉得这是个无所事事的人，或者感觉他是在等人。可是有关的科学测量仪却告诉我们，他的唾液腺正在分泌口水，而且胃部还在有规律地做着运动，因为内分泌腺的分泌物抵达了血液，所以这人的血压也有了显著的改变。从本质上来说，内隐反应和外显反应是一样的，它们唯一的不同点就是肉眼能否观察到。

反应还可以这样划分：习得性反应（learning response）和非习得性反应（unlearning response）。随着我们的成长，我们也在不断地延伸对事物做出反应的刺激范围。习得性反应的概念是，我们生活中的所有复杂习惯，还有一定场景下的条件反射。尽管大部分我们在日常生活中的行为，都来自于后天的习得，可是其中依然有很多行为是与生俱来的，比如由于光源远近的原因，瞳孔所进行的收放运动，热的时候会流汗、还有一些时时刻刻都在运动的功能，像心跳、呼吸等，都是与生俱来的。

上述和刺激、反应相关的探讨，对于我们将心理学领域研究的课题整理出来是有很大帮助的。在实验过程中，行为心理学通过制造刺激，来对人的反应进行观察，终极目标是以某种刺激为依据，来预判人的行为，或者以人的行为为依据，来对带来该反应的刺激进行推断。

10. 传统哲学、社会科学将如何发展？

在行为心理学的根基还不稳时，这样的疑问差不多天天都会出现：对于“心灵”和“意识”等术语，既然传统心理学找不出明确的证据，也没办法换个视角，把它们确实存在的证据找出来，那么现在，以这些术语为核心建立起来的庞大的哲学体系和社会科学体系的前途又在哪里？毋庸置疑，当行为心理学还没有完整建立起自己的理论模型、立论过于前卫，在还没有稳定的环境下建立起来时，尽管勇于提出问题，可是却没有勇气答复。因为这个问题确实太严肃了，太不可小觑了。为了行为心理学的进一步发展，不因为这个问题而受到阻碍，我们也曾经不止一次跟自己说：“现阶段，我们要摆脱这个问题。行为心理学之所以会出现，就是为了给心理学问题的解决提供让人满意的方法，它对心理学问题的研究，是站在方法论的立场。”我们已经躲避够长时间了，现在，行为心理学已经产生了久远的影响。心理学研究领域的新大门已经在这里被开启，我们不会再被过去那些以心灵、意识为核心建立起来的哲学和社会科学的前景问题所疑惑——我们会给出更加合理的解释。

行为心理学现在已经可以向传统心理学家示威了：“请把你们的合理方法、靠谱主题都展示出来，请让我们看到一个以它们为核心建立起来的、可以真正对成长中的学生思想起到推动作用的哲学和社会科学。”

在过去的十年时间里，心理科学的发展趋势令人欣喜，它不再和行为心理学泾渭分明。过去的心灵概念的科学，也出现了崭新的发展局面，下面的表格会把它们的趋势展示给你们看：

被意识概念所束缚的传统学科	将会表现出来的发展趋势
内省心理学	行为心理学
机能心理学、哲学	慢慢退出历史舞台
伦理学	完全建立在行为心理学方法基础上的实验伦理学
社会心理学	现在，行为心理学已经开始对过去的家庭、乡村、民族、教会等群体进行研究。行为心理学会对群体在形成过程中怎样让其他成员形成习惯进行研究，以管理单位个体
社会学	正在和行为心理学的社会心理学和经济学合并
宗教	实验伦理学的教育正在取代
精神分析（主要基础是宗教、内省心理学和巫术）	行为心理学对儿童的研究正在取代它，在这个研究范围内，科学的研究方法的基础是儿童的条件反射和无条件反射。当这些研究抵达完美阶段时，成人心理变态的阻碍或失调就会一步步消失

上面众多例子和探讨都对这样一个观点进行了说明，心理学、哲学、社会科学领域的关键性议题正在一步步变成行为心理学的公式。我还会在后面的篇幅里接着证明，解决所有心理学问题最直接的方式就是行为心理学的观点。

第二章
习惯性行为：最原始最根本的行为心理学

我们在本章要探讨的主题是人类的动作与习惯。人类在婴儿阶段还处于非习得的活动里，所以没有能力去防御或抵制外来入侵，这是我们在以前的章节里讨论过的议题。我们不妨将1岁孩子的成长历程和1岁猴子的成长历程来做一下对比，看看他们之间的差异。

经过不断的成长，人类最后变为了动物界中最高级、最天赋异禀的生物，纵然人类在最初期是没有任何的优势。是什么原因让人类拥有了如此奇特的力量？我们分析了一下发现了下面几点：(1) 人体内部器官或情绪习惯的数量、精准率与活动性；(2) 言谈或喉部习性的数目、完善性和繁杂性；(3) 动作习性的数目和完善性。

现在我们首先要弄清一个疑问，我们大家要怀抱强烈的探究心理，去见识一下“动作”这个词语所蕴含的躯体、手、腿、手臂的结构组织以及习性而赋予的神奇力量。

1. 个体会因自身所受到的境况而改变习惯

在婴幼儿阶段，人类必须通过听觉、视觉、触觉、嗅觉来得到激发，然而这些刺激不过是人类外在环境的一部分。与此同时，压力的存在或缺失、分泌的生成或缺失、食物在肠道中的不断移动和体内的肌肉的刺激也是人类必须承受的。还有一切肌肉、温度、腺体和器官的刺激，不管条件如何，它们和我们生活中的物品一样都是实实在在存在的刺激源。人类内部环境就由此构成，当探究环境和遗传的相互作用时，人们通常会疏漏这些环境因素。人类长期处于各种刺激因素之中，才造就了人类如今的结构，其他的动物应该也是这样。看来人类和动物所生成的活动必是源于内外部的刺激。常常处于这两种刺激因素激发下的有机体，它们所产生的反应不仅仅会局限于外部或内部刺激。例如一个人感到饥渴难耐的时候，就会自然而然地去寻找食物；当手里的经济不够宽裕的时候，就会暂时放弃某些规划等。一个接受过高等教育的人，绝不会容忍自己与无知的人做朋友，我想道理应该是一样的。

人类机体在内外部的强烈刺激之下逼迫自身做出回应，从而有了行为。源于这些刺激因素，人类的躯体、手、手臂、腿持续地产生活动，内部器官持续地发出回应，但是婴幼儿时期的这些行为是非常自由的，是有一定规律的。如果我们不希望它们被其他相似的行为所影响，那么自由就无从谈起了。一旦刺激产生，这些行为就会迅速对其产生回应，年深日久就会更加有规律。那就说明，频繁的刺激、频繁的活动会使它更具有规律性。在睡眠期间有机体也会对刺激产生反应，这个是活动性的。

部分精神学家和心理学家觉得，有机体一定处于一种顺从的状态。不过行为心理学家对这一观点提出疑义，他们认为只有死人才会对一切刺激都无动于衷，一味顺从。实验表明，个体若要改变他的环境，对刺激 A 有所回应还不够，还要对刺激 B 有所回应。无论这样的回应是习得或非习得，也许是两者的融合，最终都会产生两种状况：一是刺激 B 已经压制了刺激 A；二是个体只对刺激 B 做出回应，遗漏了刺激 A 的范围。在前一种状况之中，A 被排除了。在后一种状况之中，全新的环境让刺激 A 停下了对机体的有效刺激。下面我们举一个实例来说明一下，一个非常饥渴的人，首先是胃部产生抗议，这是我们所说的刺激 A，那么个体产生回应，到厨房吃东西（刺激 B），那现在个体的环境就是进食阶段，与此同时，因为及时补充食物，也就是刺激 B 的产生让刺激 A 即胃痉挛消失了，我们所说的“顺应”作用应该就是如此。其实，尽管饥饿的人在酒足饭饱之后刺激会被排除，不过其他的刺激也会产生作用，迫使个体立刻做出反应。从这里可以看出，我的观点是站得住脚的，也就是说机体没有可能也不会顺应。对于我的观点的科学性，我必须再举个实例来证明，事实是这样的，个体对刺激 A 有所反应会改变环境，此时刺激 A 的影响就消失了：个体 X 准备倒在床上睡觉，对面楼房的灯光透过窗帘射到脸上，他换了一个方向，但是灯光依旧让他不能入眠，所以他躲进了被子里，不过又很快从床上起身，找来一件衣服挡住。这时，个体 X 对刺激 A 有了回应——用衣服挡住灯光，那么他的环境就产生了改变——睡眠不受光线干扰的环境，这时刺激 A 在这个环境中的作用就没有了。所以从这两种状况来看，它们也不尽相同。刺激脱离个体，但是仅仅只是某一个刺激，其他的刺激依然会影响他。

那么心理学家所阐述的“顺应不良”，讲的是两种相背离的刺激，让有机体脱离造成刺激的范围并控制住了。我们想通过这个名词来说明，个体通过活动使得影响他的刺激没有了用武之地，也可以说是脱离了刺激源。我们为何要如此费心地来诠释“顺应”这个名词，是因为我们通过一些测试发现，有些事情也就是动物获得食物、水等，以及排除某种不太积极的反应的刺激是极其相似的。

我们之前所表述的这些，只是为了诠释一个论点：个体需要一个组织去顺应“遭受的境况”，也就是说，他要养成一种习惯——可以让刺激 A 停止，或利用某种行为习惯，让自身脱离刺激源。当灯光影响睡眠时成人懂得如何摆脱刺激源，而一个 3 岁的孩子他唯一的活动就是哭闹；在饥饿的时候 1 岁的孩子也只会哭闹，而成年人则知道去补充食物。那就说明，个体需要养成一些习性来让自身达到一个更加舒适和完美的状态。

所以，我们能够说这些是人类一切习惯产生的根本。由于受到内外环境的刺激，个体做出反应，慢慢活动，他能够利用很多不同的活动方式来消除刺激 A 或远离刺激 A 所作用的范畴。那么如果他再次遭遇与之前相同的状况，他便能迅速做出反应，更完美地做成自己想做的事。也就是说他已经学会或者说这种习性已经养成。

2. 习惯——从拿奶瓶到建造高楼大厦

我们人类是怎么养成基本习惯的呢？我们还要着眼于幼儿，才能对这个问题有所了解，即我们还要重新观察一次幼儿。

举哺乳期的婴儿的例子来说吧，我们会让奶瓶在幼儿 3 个月时就出现在他的眼前，而且就在离他不远的地方，触手可及的位置，这时，我们会发现，他的眼睛一眨不眨地盯着奶瓶，慢慢移动自己的小身体，四肢都变得兴奋起来，嘴巴也不停地叫着什么。可是，他没有伸手去拿奶瓶。而每次做完实验以后，我们都会把奶瓶给他。如此往复，我们会发现，这个婴儿第二天身体的运动要明显强过第一天。婴儿手臂在这个实验中活动的幅度是最大的，其次是躯体、腿和脚。而且和身体其他部位相比，手和手臂最有机会最先拿到奶瓶。这刚好验证了这样一点，人类习惯用手，而不是用躯干、腿和脚来操控物体的原因所在。假如婴儿没有了手臂，或者天生就没有手臂，那么，他就会通过脚来养成这种习惯。

为了让我们的观点更有说服力，我们不仅在实验中用到了奶瓶，还摆出了一些食物，比如说放一块糖在婴儿可以拿到的位置。这时他会伸出小手，把糖喂进自己嘴里。连续实验了 30 天以后，对于靠近一个小物体，并拿起它喂到嘴里的习惯，这个婴儿已经养成了。可是，我们需要关注这样一个问题，那就是这个婴儿的喂养方式必须一直是奶瓶，才能对奶瓶和糖果产生这种有前提的视觉反应。而且，这个实验要想获得成功，只能在反复训练过的婴儿身上进行。假如我们想要婴儿把无关于食物的物体拿起来，就必须延长实验时间，直到这一刺激对婴儿产生反应。可是我们不能忽略这样一个事实，奶瓶这一刺激让婴儿产生了更复杂，也更多样的活动反应——一开始，婴儿只是身体的移动，后来发展到更加多样化的活动，特别是手、手指和手臂的活动。即婴儿的反应在这个过程中并不是固定不变的，是经过重组的。

当婴儿的手、手指和手臂日趋灵活时，像躯干、脚、腿这些无关于手的活动就不见了。也就是说，当手、手指和手臂可以达到理想化活动的状态时，在这个过程中，就不会再出现其他与之无关的活动。所有婴儿最基本的动作习惯就是伸手去拿东西，当他们形成这一活动习惯以后，不久就会更加复杂——婴儿不但可以把物体拿在手上，还可以扔掉它们；不但可以把他面前的物体拿在手里，还可以把他身体两边的物体拿在手里，之后，他还会对物体进行翻转。这些复杂的习惯和他拿东西这一习惯息息相关。因此，我要告诉大家的是，如果有人觉得操作习惯是与生俱来的，借由这一实验，他们应该再次审视自己的观点——那确实不是与生俱来的。

婴儿把操控物体学会了以后，也把操控自己的身体部分学会了。操控的习惯其实不但包括手、手指和手臂的活动，还包括身体其他部位的活动，差不多可以带来身体中任何一块肌肉的顺应，内脏部分也不例外，这也是我们应该深入了解的。而我们所说的整体反应也是指这个，也就是身体各部位的“理想契合”。手、手臂、肩膀、脚、腿等的肢体活动，还有呼吸和血液循环等活动的进行，都是遵循着某种秩序。不管哪个动作的进行，在安排上都是非常精准的，而且在完成皮肤的每个精细动作以前，必须合理分配各组的肌肉能量总和。

人类拥有的一项基本习惯是拿取物体和操控物体，如果婴儿形成了这一习惯，就代表着整个世界都在他的掌握之中。而人类从一开始用泥土制作生产工具，到现在用钢材制作生产工具；从一开始用树木建独木桥，到现在用钢筋混凝土架跨海大桥等，都无一例外地对人类动作习惯的发展进行了表明。

3. 好习惯人人都可以养成吗？

我们依然以之前那个幼儿为例，不过是为了更加清楚明了地将这个过程体现出来，因为那个幼儿良好的操作习惯已经培养出来，不过此时我们想抛给他一个棘手的问题：在他眼前有一只装满很多糖果的箱子，只要他能把箱子打开，他就是这些糖果的主人了。

对于他来讲这是一个全新的挑战，他必须学会某种技能才有能力打开这个箱子。我们假设他需要学会操控一个藏在里面的小型木制机关，那就代表如果他要打开箱子，他必须改变传统的习惯，与生俱来的习得反应和非习得反应是没办法给他提供帮助的，他必须学会一种新的方法。那么他会如何处理这个难题呢？之前的组织这时就必须派上用场了。在这个问题面前，他若是能利用之前的掌控玩具的组织，他的难题就迎刃而解了：（1）拿起箱子；（2）将箱子用力地摔在地上；（3）把箱子拖着转圈圈；（4）用脚使劲地踩箱子；（5）用东西捶打箱子。通过上面这些行为，我们能够发现，对于这个难题他所采用的是解决普通问题的各种习得的行为。在面对新的问题时，他把以前获得的组织和所有他会的技能都施展了出来。

下面我们利用数字来让这个观点更明确，我们假设他所会的习得和非习得的独立反应为 50 个，那么他为了打开箱子，这些反应几乎都用上了，所花费的时间是 20 分钟。当他终于将箱子打开后，作为奖励，我们把糖果给了他一些，之后又将箱子关上，再让他打开。那么这一次他没有费太大劲就成功了。之后每打开一次他所用的活动就更少，我们做了 10 次实验，最后一次他打开箱子的时间是 2 分钟，这次他舍弃了所有无用的活动。

根据上面幼儿从第一次打开箱子到第十次打开箱子的活动次数和时间，我们可以发现很多问题，为何在这个过程里所需要的时间一次比一次少呢？为何在这个过程里对开箱子没有帮助的活动也会慢慢减少，最后甚至没有了呢？对于这个疑问不太好解释，我们通过实验的方式来回答。我打算用“频率”和“最近基础”的术语来回答为何有一种活动会保持下来，其他活动会没了踪影，那么我能够很明确地阐述我的观点。我们给这个幼儿的每一个独立活动标上一个数字，将最后一个活动也就是按下木制开关标为50。

当这个幼儿第一次尝试打开箱子的阶段中，这50项活动依照随机顺序显示，我们在此还要申明一点，有些活动会重复出现。

下面是第一次尝试的顺序：

47、21、3、7、14、16、19、36、28、2、……、50

第二次：

18、6、9、16、47、19、23、27、……、50

第三次：

17、11、29、46、40、18、……、50

第九次：

14、19、……、50

第十次成功打开箱子：50

从上面这组数据中我们能够看出，在整个系列中，50的出现会越来越靠前，在一次次的尝试中，其他的活动出现的概率渐渐变小，这样的结果该如何解释呢？我们可以这样理解，在整个系列中，在每一次的尝试里50这个反应都会存在，并且这个活动是每一次都不会舍弃的。那就说明，一个人用这个被假设为数字50的活动，来解决实验中系列所布置的环境，在整个系列里它就是解决问题的途径，也就是说幼儿用这个方法拿到了糖果。所以，在打开箱子的过程中，50这个活动和其他49个活动相比所运用的频率是最高的。

由于在之前的尝试里，最终的反应是50这个活动，因此我们坚信这个活动在下一次成功的尝试里依然会出现，这就是我所要阐述的“最近基础”。但是，一些学者对于运用“最近基础”来对习惯养成这个问题进行诠释，提出了质疑，来自乔治·皮博迪学院的贝尔特朗·罗素教授和约瑟夫·彼得森教授认为，我们习惯的形成是宅心仁厚的仙女们的功劳。桑代克认为在习惯形成的过程中，成功的活动让人高兴，而失败的活动让人沮丧，因此人们舍弃了毫无用处的活动，只留存了有利于成功的活动。

事实上在这个十分值得重视的领域，绝大部分心理学家迄今为止都还没有意识到它竟然是个问题，真正注意到它的心理学家也寥寥无几，我想还没有谁想在这个话题上认认真真做一次实验。

当我在分析这个问题的时候，没有想过它究竟会不会有答案。我认为必须有一个更简便的方法来解释怎样去看习惯形成的整个进程。自从心理学领域引入了条件反射这个假设之后，简化了很多问题，我就会换一个角度来对这个问题进行分析。

4. 习惯和条件反射有何关联

烦琐、完整且被时空所限的习惯反应和普通的条件反射之间从理论上来看，它们之间的联系是很简单的。如果只停留在表面，前者是一个整体，而后者却只是它的一分子，这就意味着条件反射对于已经养成的整个习惯来说，它就是一个单位。若是分解一个已经养成的习惯，那么每一个条件反射都是一个单位。现在我们来回忆一下之前所探讨过的条件反射的类别：

S	R
电击（有害）	脚的活动
条件化之后，圆形的视觉刺激	引起脚的同样活动

这是一个普通的条件反射，此刻我们来做一个实验：假设是这样的单位构成了每一个复杂的习惯。假如我展现给被实验者的视觉刺激是一个圆形，我要让他形成向右拐一步的习惯，并不是后退的习惯。当被实验者向右拐之后，一个方形视觉刺激出现在他眼前，这个刺激让他往前走了 5 步，看到眼前的三角形；这一次他往右走 2 步，之后出现的是一个立方体；这一次他的反应是往前跨 3 步，既没有往左也没有往右。分析一下这个例子不难看出，我们利用这样的引导方式，能让被实验者在房间里转上一圈之后回到起点。这就意味着我们能够设置每一个视觉刺激，让被实验者跟随我们的引导，以某种形式移动，也就是向上或者向下、向前或者向后，让他伸出右手或左手。其实我想表达的就是如果我每一次都让他参加实验，让他自始至终将整个系列都完成，那和迷宫中的人、老鼠有什么两样呢？事实上迷宫里的每一次转弯、每推开一扇门，都只是我们整个学习过程中的单位。像那些需要特殊技艺的活动，比如打字、弹钢琴等，这一系列的单位都无法分解和探究吗？其实在我们日常的生活当中这样的情形出现的很频繁。当我们形成整个习惯的各种条件反射的时候，一般我们会利用好吃的去引诱，或者说好听的话去忽悠有机体做出合乎常理的反应；若他的反应有了偏差，他很可能会遭受责罚，或者任由他去折腾，直到最终觉得疲惫不堪——这就意味着是变相的责罚。

下面我们要来分析一下，为何这些单位一定要如此来安排秩序，还会被时空所限呢？究竟是什么原因造成的呢？事实上在这个世界上这样的秩序和序列原本是不存在的，应该是社会或环境的意外事件让它变成了这样。在我们生活的社会，人们复杂的反应模式已经养成，大家会坚定不移地服从这样的模式。谁都明白我们的语言就是由一连串的字母依照固定的次序和序列形成的。在踢足球的时候有一定的游戏规则，人们必须遵守它的次序和序列来进行，把球射入球门。一样的道理，任何事情都有它的游戏规则，谁都必须遵守。那我想表达的环境意外事件是什么情况呢？举例来说，如果你要到海滨游泳场去，你必须遵守这样的行经路线：（1）走到小山的右边；（2）从一条小溪穿过；（3）从一个小松树林穿过；（4）顺着一条干涸河道的左边前进；（5）走到一个牛场；（6）之后，走到一丛柳树林；（7）柳树丛后面就是目的地。上面描述中的每一个数字，都象征着在学习期间可以带来反应的一个视觉刺激。你也许会认可这些，可是那又怎么样？解释一个条件反射的难度是不是要小于解释那些被叫作“习惯”的现象呢？事实上，对于一个条件反射，哪怕我们不予以解释，依然可以通过分析，用简单的术语还原一个我们解决不了也实验不了的复杂过程。

5. 有哪些因素会影响动作习惯形成？

直到现在，我们依然没有弄清楚究竟哪些因素会影响动作习惯的形成。实验结果显示，很多东西还有矛盾的地方，理论方面也有很多地方需要再次思考。我们也在尝试着寻求这个引发人们兴趣的问题的解决方法——从中找到一些东西，用我们如今的研究来打个比方，并给出说明。

首先，习惯养成会受到年龄的影响。习惯的养成究竟会如何被年龄所影响。这个问题的确难倒人们了，因为我们不怎么了解它。我们在对老鼠的实验中发现，年龄大的老鼠和年龄小的老鼠在迷宫的学习方法上存在区别。不管是实验成功所需要的时间，还是采取的步骤，二者都是不一样的。通过学习迷宫的实验，我们了解到，对于老鼠来说，年龄并不是限制学习的条件。年龄大的老鼠和年龄小的老鼠在学习迷宫时，基本上都会尝试差不多的次数。年龄大的老鼠在学习过程中几乎不会快速移动，探索过程也是个很缓慢的过程，所以，相比年龄小的老鼠，它们要花费更多的时间跑完整个迷宫。

我们还不太了解人类在这方面表现如何，是不是会和老鼠一样。人类往往很快就在学习的道路上止步了，只有有时受到外界因素的影响，才不得已去学习一些新东西，而一个人的学习，我们是没有办法掌控的。可是动物却不一样，它的食物、水，以及环境中的其他一些因素，我们都可以对其进行掌控。而人只有在一些自然灾害面前，才会重新开始学习新东西。也正是因为这个原因，我们才很少在人身上做这样的实验。

心理学家很清楚，刺激只是暂时的，而且在不同的实验室的表现也是不一样的。可以这么说，如今我们还只是投入了一部分的精力在人类学习的研究方面，以后应该会对这种状况进行改善，会给实验小组提供更多的实验室，以方便他们开展研究。我们必须完全掌控人类的食物、水和住宅，并在此基础上进行观察，才能了解到人类是否想继续学习。假如因为环境的原因，人类即便到了 70 岁，甚至 80 岁其实也是可以学习的。詹姆斯曾提出过一个正确的观点，那就是大部分人到了 30 岁以后就放弃学习了。可是也有一个例外，那就是 30 岁以后，人类依然乐于探索一些秘密。而想要了解这种心理，就只能借助食物和水，或者一种其他的特别的方式来实现初衷。

其次，练习的分配。我们有必要对学习中的各种分配进行一下研究。我们能不能每天都对老鼠进行 5 次或 3 次的迷宫学习实验？我们得出这样一个结论，针对不同的动物，当我们采取不一样的方法对它们进行训练时，假如给它们规定一个限度，那么在这个特定的限度内，它们练习的次数和练习单元的效率是成反比的。举例来说，假如每组老鼠的练习次数只有 50 次，那么，越是延长不同的练习次数之间的间隔时间，越会取得更好的效果。其他学者也通过一些实验对这一观点进行了证实。像拉什利博士，他在研究人类在英国长弓上的学习时，得到了和我们的实验结果一样的结果。这一普遍规律在其他多方面的动作研究中也得到了验证。

此外，其他人的一些实验也告诉我们这样一个事实：在学习的过程中，哪怕我们只有极其有限的可支配的时间，可是假如在这个过程中可以专注练习，我们也会取得令人惊奇的成果。

归根结底，这是得到机能的练习。而“机能”是什么呢，我们先来了解一下。“机能”就是指在一段充足的时间内，对某一特定动作进行练习，其学习曲线就会变成水平状，即新的引入介入不出现的情况下，就会保持现状，这样的习得习惯就被我们叫作“机能”。比如说，10 年以来，一个人一直练习打字，或者在工厂里专门从事某项工作，那么，试问一下，究竟在哪个时间段内，他的工作效率最高呢？是上午、下午、周三、周五、春天、秋天，还是退休前？这些问题我们都研究过了，可是却得到了不一样的结果。

直到现在，我们依然没有得到有关白天工作效率高这一问题的研究结果。虽然参与研究的学者不少，做过的实验更是数不胜数，可是结果却一直不尽如人意。

6. 在习惯形成的最后阶段，会有什么出现？

人们在各种感觉和其他一些刺激的作用下，形成了一种习惯。可是，那些刺激给我们带来的影响会因为我们持续对这种习惯进行练习而遭到削弱，变得越来越不值一提。当习惯已经深植于心时，我们可以这样改变一下我们的视觉、听觉、触觉等刺激，比如说把双眼蒙上、把双耳堵住、把布料盖在皮肤上，这时，我们所受到的这些刺激的影响就会小得多。这时，就出现了条件反射的第二阶段。一开始学习时，只要用视觉刺激我们，我们就会做出肌肉反应。而其本身在相当短的时间内，也会作为一个刺激，带来下一个运动反应，接着带来之后的运动反应。如此往复，出现一个运动反应以后，再不断引发下一个运动反应，最后跑完复杂的迷宫。在这个过程中，我们发现，不管完成哪种复杂动作，都抛开了视觉、听觉、触觉。我们在这里发现，想要维持的可以带来适当序列的动作反应，就相当于从肌肉本身来的刺激。之前我说过，肌肉既是反应器官，也是感觉器官。实验告诉我们，对于抵达被我们叫作“动觉”的第二阶段，我们所有的习惯的倾向都非常明显。

第三章

克服妒忌心理：如何克服嫉妒心理

每个人的心里都存在嫉妒这种不健康的心理，而且根深蒂固，有着丰富经历的成人也是如此。同时，嫉妒也是一种消极的人生态度。而有着丰富经历的成年人之所以可以很好地控制住这种心理，就是因为他们可以在产生嫉妒之心时，通过一定的自我排解，做出科学的判断。可是也有一部分人因为没有把控住自己的情绪，甚至为了达到自己的心理平衡，还会采取一些鲁莽的行为。并不是说嫉妒心理不能有，而是要很好地将它控制住。在行为主义者看来，只有先对嫉妒心理出现的源头进行了解，才能把嫉妒问题彻底解决掉。于是，行为主义者开始对幼儿时期展开研究。因为幼儿时期的认知水平不高，在他们看来，如果对别人进行褒奖，就意味着对自己加以指责，而且对于超越别人和自己的持续努力，他们不能很好地联系到一起。如果受到褒奖，他们就会很高兴，如果有人不公正地对待他们，他们就会很生气。随着幼儿一天天长大，这种早期的影响会一直伴随着他们，使他们慢慢产生嫉妒之心。既然行为会带来嫉妒，一样的道理，借助行为也可以把嫉妒之心克服掉。

1. "妒忌"的概念

行为心理学家非常感兴趣的内容，除了习得的和非习得的各种形式的情绪行为，还有妒忌和害羞这两类情绪。迄今为止，行为心理学家都很少或几乎没有研究过这两类情绪。我觉得妒忌和害羞这两种情绪行为是个体自身所有的，即内部的情绪行为。

在行为心理学家看来，像生气、难过、忧伤、害怕、善良等人类的其他情绪行为，一点儿都不复杂。他们觉得以上这些情绪行为的基础都是各种再简单不过的非习惯行为，并以此所形成的上层结构。可是，我们认为妒忌和害羞不同于那些情绪行为，应该对其展开深入分析。当然，不管我们得出什么结论，都必须依据确凿的事实，可是我必须承认——这也是让我觉得遗憾的——我一直都没有机会注意到害羞的首次出现，和它的发生性成长。对于这样的观点，事实上，我是比较赞同的。即站在某个角度上来说，它关联到第一次明显的自慰，而且，在这次自慰中出现了性欲高潮。因为自慰所带来的刺激，个体血压会上升、皮肤表面的毛细血管会扩张，即脸红，当然不限于此。众所周知，童年时期每个个体都受到过这样的教育，自慰是要受到处罚的。正是基于此，人脸红或低头的动作，都有可能具备一个前提，那就是和性器官有关的所有情况，包括语言或接触。当然，我还拿不出来更多的和这个问题相关的内容来和大家一起讨论，因为这一说法只是基于我本身的推理，没有事实依据作为支撑。

在这里，我想说点有关妒忌的问题。在这之前，我进行过相关观察和实验。

妒忌究竟是什么？它来源于什么样的刺激？它又是通过何种形式反映出来的？我就这些问题采访了任何一组个体，他们给出的答案都不尽如人意。我们所得到的“什么样的非习得（无条件的）刺激会带来这种反应?”“这种非习得（无条件的）反应是什么?”这两个问题的答案，都是不正确的。不少人说，妒忌完全是本能。所以，要想得到我们真正想要的答案，根本就不可能。

尽管对于妒忌，我们并不了解，可是我们必须正视一点，如今，它的确是个体结构最强大的因素中的一个。

人们的很多行为都关系到妒忌：婚姻中之所以会出现矛盾，甚至走向破裂，都是因为妒忌在作祟；掠夺他人财产和杀害他人，通常也是因为妒忌。可以这么说，个体的整个行动系列差不多都和妒忌这一因素脱不开关系，所以在人们眼里，它是与生俱来的一种本能，是再正常不过的事。可是，当我们想对这种东西有所认知，之后对人们的行为进行观察，并假设妒忌是在某种情况下产生的，并把其详尽情况列举出来时，我们就会意识到，情况比我们想象的要复杂多了，而且这些反应都是高度组织的（习得的）。正是考虑到这一情况，我们还是很有必要质疑它的遗传根源的。

2. 妒忌的反应及其带来的场景

妒忌行为必须要针对某个人才能出现，即妒忌一定是和他人相关的行为，因此，从一开始，妒忌的场景就是具有社会性的。那么，妒忌会和哪些人相关呢？我们认为应该是那些可以给我们带来爱的感受的人，可能是父母、兄弟或姐妹，可能是丈夫、妻子或情人等。妒忌的对象和性别没有关系，同性和异性都有可能。妻子—丈夫的场景在带来剧烈的反应方面，仅位于情人之后。

这样的观察结果会在一定程度上帮助我们理解妒忌。无论什么时候，这种场景都是可以带来条件反射的，关系到引发的爱的条件反射的人。如果我们的归纳是正确的，那么我觉得，我们应该跳脱出遗传的行为形式，来对妒忌开展研究。

我曾经观察过不少儿童和成人的案例，并做了很多笔记，最后得出成人有多种反应。我们先用成人的反应来举例说明。

案例 A：A 和一位年龄比他小的姑娘结了婚，他们现在已经有两年婚龄了，对方长得很美。A 是一名妒忌心非常重的丈夫，他们时常会一起出席聚会。

(1) 假如妻子跳舞时紧挨着舞伴。

(2) 假如妻子没有跳舞，可是在和一个男人低声交谈。

(3) 假如妻子忽然一时兴起，当着众人的面，向另一名男子发问。

(4) 假如妻子和其他女人一起出去买东西、吃饭。

(5) 假如妻子邀请朋友来家里聚会。

如果出现以上刺激，A 就会出现妒忌行为，并带来下面的反应：

(1) 和自己的妻子冷战。

(2) 嘴巴闭得紧紧的，眼睛眯着，颌骨“僵硬”，全身肌肉绷得紧紧的。

之后，他独自偷偷地离开聚会场所。当时，他的脸色难看极了，先是通红，然后变得紫黑。通常情况下，一旦发生这种行为，就会一连几天都是如此。他不会告诉任何人他心里所想的。即便有人从中斡旋，他也会闭口不言——好像妒忌状态本身会慢慢消失。在这个过程中，哪怕妻子再怎样向他示爱，怎样给自己申辩，都是徒劳的，情况并不会因为道歉和表示忠心而有所好转。而实际上，他的妻子一心爱着他，从来没有过二心，当他不妒忌时，他也是承认这一点的。假如这位丈夫是一个素养不高的人，很有可能会使这些反应更加明显，即他也许会对妻子武力相向，或者决不放过真的觊觎他妻子的男人，甚至杀死这个人都是有可能的。

为了更好地探讨这一问题，我们接下来会再把儿童的妒忌行为拿来举例。

案例 B：在儿童 B 大概 2 岁时，我们对他的首次妒忌迹象进行了记录。只要这个孩子的母亲和他的父亲有类似拥抱、接吻这样的亲密行为时，他就会产生妒忌行为。直到他 2 岁半，父母都一直当着他的面发生亲密行为。这时，母亲和父亲拥抱时，他就开始对父亲发动攻击，反应是这样的：（1）使劲拽父亲的衣服；（2）大叫，“那是我的妈妈”；（3）站到父母中间，以此隔离他们。如果孩子的反应行为没有达到预期的效果，父亲依然和母亲表现得很亲密，孩子就会有更加强烈的情绪反应。孩子每天早上，尤其是周末的早上起床后来到父母的卧室，他会被父亲抱到床上，这时的他会欢迎和讨好父亲。可是，尽管孩子才 2 岁半，可是他却会向父亲提出这样的问题：“今天你上班吗？”或者明确告诉父亲：“爸爸，你赶紧去上班吧。”

他 3 岁的时候和他还在襁褓中的弟弟一起被送到了外婆家，一名保姆负责照顾他们。因为有一个月的时间没有和母亲在一起，他对母亲的依恋已经不再像从前那么浓烈了。因此，当父母去看望他们时，虽然在他面前还像从前一样表现得很亲密，他也没有再出现任何妒忌的行为。为了观察孩子到底会不会再产生妒忌行为，父亲有意当着他的面，一直和他的母亲拥抱，可是他只是跑过来和两个人分别抱了抱。连续四天过去了，一直都是这样的结果。

当父亲发现已经无法再用从前的刺激方式引发孩子的妒忌行为时，他就换了一种场景——对孩子的母亲发动攻击，母亲则假装伤心地哭，并予以反击。当孩子看到这种情形时，他只是迟疑了一小会儿就朝他的父亲跑过去，猛烈进攻他的父亲，踢他、打他，喊叫不止，直到吵架结束。

接下来双方角色互换，母亲对父亲发动攻击，父亲则表现出受尽折磨的样子，母亲对其腰部发动攻击，父亲则疼得腰都直不起来了。父亲表演得很逼真，一点儿都不像装的。可是，孩子的表现依然和刚才一样，对父亲发动猛烈的攻击，甚至丝毫不顾及父亲已经快倒下了。可是，这时孩子已经深受其扰，实验只能结束。可是到了第二天，虽然父母依然当着孩子的面表现得很亲密，孩子都没有出现妒忌行为。

3. 孩子什么时候会妒忌父亲或母亲？

妒忌究竟来自于哪里，其源头在哪？我们对一名 11 个月大的男孩儿进行了测试，以期找到这一问题的答案。这是一个营养优良，而且没有任何条件性恐惧的孩子。可是，他对他的母亲有非常强烈的依恋，却丝毫不依恋自己的父亲。因为这个孩子对吮吸自己的手指情有独钟，而父亲会适时阻止他这样做，采取各种办法影响他。11 个月大的时候，这个孩子已经可以快速爬行一大段距离。

这个孩子完全不在意父母亲的拥抱，可以说，在孩子的幼年生活中，从来不觉得这算什么。经过多次实验，孩子都没有想要向他们爬过去的意思，更不用说在他们中间挡着了。

当然，我们的实验还在继续。接下来，我们会设置让孩子的父母亲彼此攻击对方的场景，看看孩子会有什么样的反应。当时，房间的地板上因为铺着地毯，所以会掩盖一部分打斗的声音，母亲（或父亲）所发出的抽泣声也不大。可是，孩子还是注意到了父母亲打架的声音，孩子马上不爬了，而是一直看着母亲。提醒大家注意，孩子在这里只是看着母亲，而没有把目光放在父亲身上。他看了一会儿以后，并没有表现出想加入到其中的想法，他没有出手帮其中的任何一个人，而只是发出了抽泣声。在这里，对于孩子来说，父母打架发出的声音、二人撕扯所带来的地板的震动，还有父母的脸，这些视觉刺激，无异于他被打时的视觉刺激，因此他只会抽泣。正是因为这一连串的刺激，让我们发现孩子身处在这种场景下会出现的行为，这种行为属于害怕这一类，其中一部分构成了视觉性条件反射。在这个实验中，我们可以明显地发现，不管这个孩子的父母是发生亲密行为，还是发生撕打行为，孩子都没有表现出任何妒忌行为。我们据此得出这样的结论，一个 11 个月大的孩子，因为年龄还太幼小，所以还不会出现妒忌行为。

4. 哥哥会对弟弟产生妒忌之心吗？

研究者对于妒忌行为出现的时间一直存在异议。很多弗洛伊德主义者觉得，当一个儿童有了弟弟或妹妹后，他就会出现妒忌行为。他们的观点是，尽管孩子才 1 岁或者还不到 1 岁，可是其事实上已经开始有妒忌行为的发生和发展了。那么，他们是否验证过他们结论的科学性呢？据我了解，直到现在，从来没有一位弗洛伊德主义者从实践的层面，验证过自己的理论。

为了把妒忌的根源找出来，我们观察了不少，而且，我本人还曾经对一名儿童接受他刚出生的弟弟的情形进行过观察。大家应该还有印象，我之前所介绍过的实验者B，也就是那个2岁半的孩子，他已经出现明显的妒忌他父亲的行为。他2岁半时就已经深深地依恋自己的母亲，后来又深深地依恋照顾他的保姆。可是，在未满1周岁时，他没有对任何孩子产生有组织的反应。那时，因为要生产，他的母亲一直待在医院里，在这两个星期的时间里，他的保姆负责照顾他。在他母亲从医院回来的那天，保姆让B一个人待在他自己的房间里，直到我们准备好所有测试条件。

我们是中午进行的测试，而B被我们安排在一间采光条件充足的起居室。当时，母亲正敞着前襟，哺育刚出生的婴儿。B的父亲、母亲、新生儿、他的祖母以及一位经过良好训练的保姆（这个保姆B之前没有见过）都在现场。B已经和自己的母亲分离整整两个星期了，得到大人的同意以后，他从台阶走到房间里面。我们已经提前给在场的每一个人说了，不要出声，而且尽可能让当时的场景自然一点。B来到房间以后，走到母亲身边停下来，并靠着母亲的膝盖说："你好，妈妈。"此外，他没有其他的行为。即，他并没有尝试着去和母亲拥抱或亲吻，也没有注意到母亲敞开的前襟和怀里的婴儿。直到半分钟过后，他才发现小婴儿，然后说："呀，小孩儿！"然后，他开始用手触摸婴儿，之后对着婴儿说："那小孩儿，那小孩儿。"此外，他还凑上前去和婴儿亲吻。可以说，他没有表现出一丝一毫的妒忌。在这一过程中，他的言行都很温和。这时，那个保姆（B认不得她）抱起了婴儿，看到这一场景，B马上做出了反应，告诉母亲："妈妈，把孩子抱好。"大家请注意，B这时对婴儿做出了反应，就如同母亲场景的一部分。这是他首次出现妒忌反应，可是，所指向的正是那个抢走母亲怀里的某样东西的人（给他母亲的行动设置了障碍），而这是一种非常具有代表性的非弗洛伊德主义者的反应。可是我们明显可以发现，对于婴儿来说，这种反应并不是只有坏处，虽然会让他自己远离母亲的怀抱。

保姆把婴儿抱到他自己的房间的小床上，B 也跟进去了。父亲等他出来以后问他："你喜欢吉米吗？"他说："喜欢，他睡着了。"我们还需要指明一点，B 在整个过程中一直对母亲敞开的前襟视而不见，实际上，他几乎很少关注母亲，除了在保姆把婴儿抱起来的那一刻。而他对于婴儿的反应也只延续了几分钟而已，之后就把目光转向其他事情了。

次日，父母亲对 B 说，让他把自己的房间让给弟弟住，听到这件事的他反应更积极。他和大人一起将自己房间里的很多书和玩具都搬到另一个房间，可以看出来，他也想以最快的速度给弟弟把房间腾出来。当天晚上，他就在自己的新房间睡觉了，而且从此以后，陪他睡觉的人就变成了保姆。通过对他的观察，我们发现，从一开始到最后，B 都没有对这个婴儿表现出一丁点情绪。从那时开始，我们也已经连续观察这两个小孩一年了。可以这么说，他们没有一丝一毫妒忌的意思。如今，B 已经 3 岁了，弟弟也 1 岁了，他现在对待弟弟依然很友好，就像第一次看到弟弟一样。而且他也没有表现出一丝一毫妒忌弟弟的意思，当父母亲或家中保姆安抚弟弟时。可是我们还在对他们进行观察，也在想方设法让他出现妒忌行为。一次，差一点，保姆就激发他的妒忌心了，保姆说："吉米很乖，而你和他比差远了，你很顽皮，因此我更喜欢吉米。"在接下来的几天中，B 就开始出现妒忌的征兆。可是，因为没过几天保姆就被辞退了，所以 B 刚刚冒出来的妒忌心也就没有继续发展下去，而是烟消云散了。

我们得出这样的结论，没有充分的条件，可以干扰孩子在生活中依恋父母。可是当弟弟不在身边时，他也会在母亲的身边依偎着；而当父母亲对弟弟加以处罚时，比如打他的小手，导致弟弟哭闹，3 岁的 B 就会攻击自己的父母，而且还说："吉米是个好孩子，不要打他，他会哭的。"

第四章

人格心理学：把最真实的人格魅力揭示出来

每个人对“人格”的理解都不一样，无论待人处世的方式是什么样的，每个人都会给出自己独有的答案。“人格”这个词，通常和主观发生关系，形成于遗传、环境、教育等因素的互相作用。我们每个人独有的心理特点，就是源于遗传、生存和教育环境的不同，对“人格”最常见的解释也正基于此。可是行为主义者却给出了独树一帜的“人格”的定义，他们相信只有通过塑造，才能形成人格。因此，行为主义者把人格和行为画上等号，觉得人格是整合了个人行为，而且其的塑造可以通过对行为的测量来完成。而且，行为主义者秉承“环境决定论”的思想，觉得环境会严重影响到人格，甚至人格会取决于环境。那么，行为主义者会对人格进行如何界定呢？尽管行为主义者喜欢把定义不清晰的词汇舍弃掉，可是他们还是想保留它，因为在普遍心理学体系中，它依然很适合。通过对本章的学习，我们将会对行为主义者眼中的“人格”有所了解。

1. 行为心理学家如何解释人格

我们对人的行为这一问题进行过多项实验，分析了在不同场景下，个体会做出什么样的行为。我假设，要想对整部机器的价值进行了解，就必须先观察它的轮子。因此，接下来，我们就需要尝试着将人视为一部打算派上用场的组装机器。看上去应该很简单，我们只需要装好它的各个部件，像轮子、轮胎、轴、差速器、发动机以及机身就可以了。如此一来，一部机动车就造好了。我们从它的结构出发，看它做哪种工作合适，就将它安排在哪里。假如它是福特，在气候条件很糟糕的情况下，它可以在坑坑洼洼的路面上行走，运送货物对于它来说就比较适合，于是让它在集市上工作就是物尽其用；假如是劳斯莱斯，那么它就适合载着我们去和一些上流社会的人见面，让那些穷人明白我们比他有钱等。

那么，现在我们就在人的身上套用这种情况，如果有这么一个叫约翰·杜的人，他包括下面这些部件，分别是头、手臂、手、躯体、腿、脚和神经、肌肉和腺体系统。约翰·杜没接受过什么教育，年纪也一大把了，因此只能在有限的范围内选择工作。他的身体很强壮，体力劳动对于他来说不是问题。他很诚实，很愚蠢；反应很迟缓、不会娱乐，也不会笑。适合他的就只有像街道卫生、挖渠、砍树这样的工作。我们再说一个叫威廉·威尔金斯的人，他的身体部件和约翰·杜一样，可是他不同于约翰·杜的是，他相貌姣好，有知识，有文化，出去旅行过。适合他的工作有外交家、政治家或地产商。可是，这个人从小就不诚实，人们从来都不相信他。他极度自私，非常在乎职位的高低。而且，下午本应该是工作的时间，他却时常跑出去玩桥牌或打高尔夫。

现在，他们是被我们视为两部机器的，那么，我们在对他们的具体情况有所了解以后，发现了他们之间存在很多不一样。尽管二者拥有相同的身体部件，都有头、头臂、躯干、脚、神经、肌肉和腺体系统，可是两部机器最终的不同点来自于哪里？而我们人类，不管哪个健康的个体，从诞生到这个世界上开始就是“平等的”，在《独立宣言》中也提到了这一点，而我们觉得这一“平等”是“先天”的。个体以后会发展成一个什么样的人，其中起决定性作用的就是他出生以后所经历的事情，不管他是以干体力活为生，还是成为外交家、政治家、商人、科学家，或者小偷都是如此。1776 年的自由倡议书者，忽略了这样一个事实，那就是上帝本身无法和某些个体处于平等的地位，像 40 岁的、像美国人一样所受到的环境影响不一样的个体。

那么，怎样来对个体的人格进行研究呢？在行为心理学家看来，我们只能对个体在日常生活中的行为表现进行观察，才能明白每个个体适合的，以及不适合的事情。而且，观察这些东西并不是一朝一夕的事，得有一个时间段。对个体在受到压力和引诱时，在物质条件充裕以及不足的条件下的行为进行观察——也就是说，我们需要让个体在商店里接受各种考验，从而知道他属于哪种人——哪种类型的机器，也才能详尽地描绘某个个体的人格。

而对于生活在这个世界上的个体的发展轨迹，我们又为什么要去检测呢？在我印象中，这个问题的答案是多种多样的，比如：约翰·杜的工作习惯是什么样的？他会是一个什么样的丈夫？他在工作中是如何对待同事或同伴的？他是否真的是一个讲道义的人？他得到过很好的抚养吗？是在成长的过程中沾染了一些不良习气吗？他值得相信吗，当朋友有难时，他会挺身而出吗？他过得幸福吗？他工作上进吗？他有没有能吃苦的作风？

行为心理学家并不想知道一个个体的道德如何，除非是身为一名科学家，实际上，行为心理学家也不在乎一个个体是什么样的人。可是不管社会是否对分析提出了要求，他都必须对个体进行研究。而作为心理学家，我们想要对我们被抚养的问题进行解答，也想对其他所有可以向约翰·杜询问的问题进行解答。

作为行为心理学家，我们的一部分工作就是对一个人适合做的工作进行证明，预测他将来的能力，以便给社会提供相应的资料。

2. 怎样对人格进行研究？

个体青年时期习惯模式养成、成熟和变化时，是其人格变化最迅速的时候。对于女性来说，在15—18岁期间，她会由孩子逐渐转变成妇女。一个15岁的女孩和年龄相仿的男孩儿和女孩儿在一块玩耍就是玩伴。可是等她到了18岁，她就成了每个男性的性对象。人格变化的过程会逐渐变慢，当个体30岁时，人格变化进入极其缓慢的时期，这一证据是我们从对习惯进行研究的资料中得到的。研究资料还显示，大部分人在这期间开始不思进取，行为组织体系的模式不再发生变化，除非持续被一个新环境刺激，才会继续发生变化。假如你充分描述一个日常的30岁的个体，你会意识到，在之后的时间长河中，他的变化极其少。假如一个妇女喜欢嚼舌根，喜欢落井下石，嗓门又大，和邻居关系也不融洽，随着她年龄的增长，在今后的岁月中她几乎都不会变了。普通人不需要仔细分析他人的人格，就可以对自己的同事的人格进行判断。为了和快节奏的生活相适应，快速判断出他人的人格，其实会导致我们形成一种只喜欢从表面对他人进行评价的习惯，而这种习性极易严重伤害到他人。我们时常骄傲于自己可以快速判断出他人的人格，骄傲于自己可以一眼看出自己的喜好，以及我们的判断始终如一。而实际上，我们借助这种观察方式去对人进行观察，通常会在他的行为表现中，发现一两样不同于我们自己特殊的倾向性和喜好。这种现象太司空见惯了，因此我们可以得出这样的结论，那些和人格有关的判断理论是虚伪的。我们只有采取客观的方法观察个体，才能科学地判断出个体的人格。

研究使我们坚信，只有长期对个体进行密切的观察，才能对人格进行总结。尽管短期的观察和个人采访会暴露一些问题，职业测试和智力测试也会暴露一些问题，可是，想要掌握一般工作习惯、道德习惯、情感习惯的资料，就一定要长久地观察在复杂环境中工作和生活的个体。

当然，只要是正常人，就可以对他人的人格资料进行收集。只是，接受过有关训练的心理学观察家和突破了自己人格限制的人的观察要准确得多。

我们在研究人格时，所选择的都是职业方面的例子，也许，大家会对此有疑问。没错，在很多方面其实都可以采用这些方法，比如在对朋友、妻子或丈夫进行选择时，都可以采用这些方法。现代社会，人们的婚姻问题层出不穷，尽管有很多因素会导致这一结果，其中就有青年男女结识的速度太快了这一因素。受到内脏（性的）刺激，青年男女也极有可能无法清醒地观察对方。所以，结婚以后的他们，假如在人格上发生冲突，敢于面对的人就会选择离婚。当然，如今还没有一种真正的方法可以检测出两种人格能否在婚姻中共同生存，只能寄希望于婚后。

在咨询工作中，我发现性顺应的重大失败是婚姻中最大问题的源头。生活在那么逼仄的空间中的两个人，必须拥有一个真实而坦诚的性顺应，才能拥有美好的共同生活。我曾经先后采访过 25 对年轻夫妻，只有一对夫妻真正做到了性顺应。差不多出现在所有案例中的问题，都关系到他们的行为，即都是行为困难，而无关于他们的身体，他们身体上是健康的。修养不好以及性组织的毛病是矛盾的主要原因所在，而经由我们的指导，他们拥有了性顺应。因此，在年轻的夫妻结婚前，应该接受合适的指导，这样会对他们的婚姻状况有所改善。可是，也并没有那么容易就给出指导。一般情况下，父母和家庭医生所给出的指导通常是不合适的，而这些不合适的指导只会带来更大的危害。

可是，当我们具备人格判断时，要如何是好呢？即，要把它派上什么样的用场呢？我们可以依据它来雇佣和解雇人员，也可以借来指导人员的晋升或降级。此外，我们的社交关系和朋友关系以及生产关系的基础都是它。我们在选择是留在同伴身边还是从他们身边离开时，也是以我们对人格的判断为依据——我们只有以对方的人格判断为依据，才能正确地做出选择。

3. 采用多种方法来对人格进行探索

如果身为严格的人格观察家的我们，遵循着客观的原则判断个体的人格，那么我们要想得到正确的信息，应该通过哪些途径呢？以下的方法可以供大家探索：(1) 以个体的教育图表为依据开展研究；(2) 把心理学的测试派上用场；(3) 以个体的闲暇时间和娱乐活动为依据展开研究；

（4）以个体在日常生活场景中的情感特点为依据展开分析；（5）以个体的成就表为依据展开研究。

想要研究个体的行为和心理架构，就一定要坚持实事求是的态度，因为没有捷径可走。在这个领域，有很多心理学骗子，他们相信存在捷径，因此，采用他们的方法，要想得到令人满意的结果肯定是不可能的。

说到多种对人格进行研究的方法，我还想让大家着眼于以下几个方法。我想要表达的并不是行为心理学家在对人格进行研究时，具备非常明晰的科学体系，可是我们的确是以实践的、普遍的、观察的方法为依据来进行这方面的研究的。

对个体的教育图表进行研究：我们可以以个体的教育经历为依据，来绘制一张图表，之后通过这张表来把想要的信息集中到一起，从而得到有关这个人体人格的更为详尽的资料。像他小学读完了吗？有没有中途辍学？为什么辍学？是不是因为家庭的经济状况？或者还是有其他什么原因，像想要冒险？他高中读完了吗？高中毕业后有没有到大学里继续深造，直到毕业？暂且不论他的才智，假如他中途不放弃，就可以证明他的工作和学习习惯不错。一个人要想顺利完成某项工作，我觉得，其中一个资产就是工作习惯。在观察他的图表曲线时，我发现下降趋势的开始点是大学。我觉得大学是他长大、变成熟的地方，也就是对他在家里养成的习惯进行改变的地方；是一个教会人在社会交际，得到如何为人处世的方式的地方；一个使他学会保持整洁，学会打理自己生活的地方；也是一个教他如何优雅地对待女士，让自己变得更加具有绅士风度的地方。总的来说，大学就是一个探索怎么更好地利用空闲时间，以及寻觅文化之处。事实上到最后，我们也明白了，让学生懂得尊重思想和如何思考就是大学存在的意义。如果它连这些尊重都没有，那么大学就不成功，在生活中就会极少完全表现出在那里得到的身体的和语言的习惯。我读了 4 年大学，最后都没有顺利毕业，希腊语和拉丁语是我当时的专业，可是如今，我却不会写希腊字母，有关希腊文的书籍我也看不太懂。假如我的生存必须仰仗它的话，那就出现大问题了。

从大学走出来的人，或者说读过大学的人都可以得到生产上的成功，这是毋庸置疑的。相比那些没读过大学的人，他们的人生要顺利多了，因为他们受到欢迎的程度较高。可是即使是这样，也不能就此断定，没有读过大学的人就没有机会和潜质获得成功。

对个体进行研究的成就图表：在我看来，在对某个个体的人格、特点和能力进行判断时，其中的一个主要因素就是个体每年所取得的成绩。想要对个体每年所取得的成绩有所了解，我们可以给他绘制一张图表，把他在任什么职务时，任职多久和每年工资增长了多少都填上去，并依据这个来进行客观评价。假如一个男人今年 30 岁，可是他已经跳槽了 20 次，而且在这个过程中，都没有得到明显的提升，那么，10 年以后的他也许还会跳槽 20 次。如果，我有足够的资本来做生意，如果要我在一个 30 岁，而且要求每年年薪不能低于 5000 美元的人，和一个 40 岁，薪资要求更低的人中间进行选择，我不会选择前者来担任重要职务。这里根本没有一种恒定不变的，而且又快速的法则可供检测，除了特殊情况以外。可是必须肯定一点，在个体发展中，比较关键的一个因素就是一个人每年工资的增长和职位的上升。

一样的道理，假如我们想对一个作家的成就史的信息有所了解，这时绘制一张稿费收入表就显得非常必要。假如 30 岁的他在一些主流杂志上得到的字数稿费，等同于 24 岁的他所得到的字数稿费，那么，这说明他也许就是一个资质平平的作家，不可能在文学上取得更大的成就。实际上，假如我们想预测一个有机体的所有器官是否具备完好性、将来这些器官能否正常运行，其判断依据就只能是他的成就史，评价时就要参照我们所依据的标准，这一点适用于商场、文学，以及艺术领域。

自从闵斯特伯格率先对工业心理展开研究以后，作为研究人格的心理测试这种方法，已经取得了突出成绩，企业家在选择雇员或工人时就会以此为参照标准。商业组织现在已然发现，这些理论中有一部分是不现实的，只是一些心理学家的异想天开，还有一部分是因为商业机构不够脚踏实地所带来的，因为心理学家一直没有把特殊商业发展所需的方法提供给它们。尽管各路商行不愿意过多投入心理学研究工作，可是他们依然希望心理学家可以加入其中，采用其他的办法解决行业中商业主管感到棘手的商业问题。在这里，我可以想到员工从被选择到以后的安排和晋升，再到其工作水平和最后的愉悦。总的来说，人格在我们的感觉中是一个至关重要的因素。

可是我们要牢记一点，职业测试有其特有的偏差，只能表达清楚在特定时间内把一些事情解决好的所有能力。事实上，完成某些事情的所有能力，并无法显示出个体“系统的工作习惯”。他只能在饥肠辘辘或需要一个容身之处时，才会拼命工作。可是，当他度过这些危机以后，吃饱喝足、居有定所，他还会像之前那么努力工作吗？在今后的工作中，也许他会把关注时间当作一种习惯吧？很多个体确实是这样。我认为应该以一个人的工作习惯为依据，对一个人最根本的性格特点予以筛选，比如看他对自己的工作有没有百分之百的热情，愿不愿意承担超高强度的工作，是否工作时间比指定时间更长，工作完成以后有没有对工作地点进行打扫。我发现，事实上很早以前，个体就已经吸收了那些优秀的东西，要不然，他将永远不可能得到那些东西。时至今日，从这方面得出的个体能力或不足之处的心理学测试还没有出现。

首先，对个体的闲暇时间和消遣方式进行研究。人们在完成工作以后，必然会有自己的休闲方式，而且每个人都不一样。有的人对运动情有独钟，有的人偏好读书，有的人热衷于欣赏音乐；可是也有一些人爱好酗酒、高速飙车，或者爱好性等；也有一些人整日沉浸在工作中，他们非常喜欢自己的工作。

我觉得运动和娱乐是表露在外的东西，有些娱乐方式是可以给我们带来好处的，而有些则不然，像高速飙车、酗酒等，也许会给我们的身体健康带来坏处，甚至威胁到我们的生命安全。

室外运动是一种非常有好处的休闲方式，不但可以让人的身体更加强壮，让人积极参与到竞争中，还可以加强合作。假如我发现某个人在某种室外运动的方式上有特长，像各种球类运动、钓鱼、打猎、跑步等，我认为这些运动方式会大大帮助到人们对这个人的经历的研究。

我研究了一些室内活动的情况，像打牌、跳舞等。在我看来，假如一个人不具备赚钱的能力，却想同时特别擅长某项娱乐活动，那简直是难于上青天；一样的道理，一个人不够友好，无法拥有良好的人际关系，想要在运动上拥有特长也是一件几乎不可能的事。考虑到这个，我想我们暂时可以下一个这样的论断，也许娱乐和运动会指引我们更好地对个体人格进行研究。

其次，对现实情况下个体的情感特点进行研究。虽然之前我们也从几个层面对个体人格进行了研究，像教育背景、个人成就、娱乐活动等方面，可是依然不足以对个体人格做出精准的判断。虽然一个人在工作习惯和身体语言方面游刃有余，却不一定拥有良好的人际关系，可能还会被别人排斥。也许他很小气、不友好、自负，甚至很龌龊，让人只想退避三舍——一旦关系拉近，就会觉得很恐怖。当然，这只是一些没有很好地发展情感的人。他们在情感方面极不成功，这是毋庸置疑的。通过观察，我们研究了这种现象。如果你想请一个人来做客，或者去对一个人进行探访，可是因为你不够了解他，因此你有点迟疑，不敢冲动行事，那么，你可以先观察他，观察他是不是有很多朋友，他和朋友之间能维持长久的关系吗？假如你得出了否定的答案，那么我们就可以据此推定，无论他在工作方面表现是不是特别突出，他都是个不好相处的人。

我们发现，在对人格进行判断时，很难对像撒谎、诚实和其他一些道德品质进行判断。可以说，在这些情况下，根本没有什么行之有效的方法来察觉到它们，要想对个体的人格中的这些方面进行了解，对他们的经历进行查看，并观察他们最近的生活，才是最好的办法。而且，还要对观察的范围进行延伸。比如说，对他的朋友圈进行观察，而且在观察其行为时，要有耐心，要拉长时间段，如果时间太短，很难做到准确观察。如果人们在写信时，可以在表述事实时更加接近实际，那么我们就可以更加准确地判断出个体的情感特点。可是，几乎没有人会写接近真实的信，所以使得那些推荐信也不太具备参考价值。我们能不能在个体情感特点方面，得到有参考价值的判断，其实我是非常质疑的。比如对于个体和其他人相处的能力，我们能不能做出准确的判断？他努力工作的时候，是劳动强度大的时候，还是劳动强度小的时候？他工作效率更高的时候，是独自一人时，还是和大家一起的时候？他在工作习惯方面表现得是不是不够仔细？他在工作方面能够很好地适应吗？他会不会隐藏那些不适应的方面？他工作完成得更好的时候，是受到激励的时候，还是被指责的时候？

我们不可能在短时间内，只通过一两种习惯，就准确判断出某个个体的人格。我觉得，想要对他人的人格做出一个比较准确的判断，提供一所预备学校，限定一个固定的时间，使个体确实处在观察状态下。如果某个人的智能很高（我们只是指一定的身体和语言组织），可是，他在工作上的表现却非常不尽如人意，之所以会出现这样的现象，最重要的原因就是其缺乏内脏组织，也就是“良好的平衡情绪训练不足”。我想换一种说法，这样你们理解起来就容易得多，我用这样一些词汇来表示，像个体是“灵敏的”“固执的”“自负的”“对批评很排斥”等。我们必须把个体放在某些特定的场景中，就像我们在对婴儿进行研究一样，才能得到这些情感因素。众所周知，这些来源于婴儿时期的残留，是缺乏组织的婴儿时期的反应种类。这样的情景可能在一个星期或一个月的时间中，他们很少能遇到，所以对个体进行观察时一定要拉长战线。

我觉得这一点多少会得到商业机构的认可，他们准备延长在预备训练上的时间，包括岗位调动。

4. 有捷径对人格进行研究吗？

假如我们采访一下“被试者”，那么，通过这样的一次采访就可以让我们对和人格相关的内容有所了解吗？没错，我们可以通过这种私人采访，来了解到个体的一些情况。可是，个人采访必须延伸出去，而且要连续多次，这样才能获取更多信息。而且，还要注意的是，在采访的过程中，我们要对细节加以关注，观察者要察觉到被采访者的很多细节，还要对此加以利用。对于我们来说，我们所观察到的他说话的语气、姿态以及走路步法、外表，都具有极其重要的价值。通过这些，我们马上可以断定一个人有没有接受过良好的教育，言行举止是否优雅。一个人接受采访时，不脱帽，嘴里还叼着雪茄；而另一个则一副惊魂未定的样子，甚至都变得哑巴了；还有的人在接受采访时，总是不停地夸耀自己，让人不想靠近。

一个人的服饰，也可以对他的行为进行反映。从他的服饰上，我们可以判断他是否爱干净，爱整洁。假如他的衣领上有污垢，或者手和手腕上都有脏东西，那么，我们就可以据此断定他是一个不爱干净、粗鲁的人。

可是，从个人采访中，我们想要对一个人的工作习惯进行了解是很难的，也没办法获悉他究竟诚不诚实、可不可靠、他会不会坚持原则、他的个人能力如何。就像我在前面所说的，想要对一个人的人格进行判断，我们需要事无巨细地了解其个人的生活经历。

几乎所有人都深信自己可以对人格做出判断，这是为什么呢？最重要的原因也许就是他们相信自己，觉得自己能够做到。在他们的生活圈里，人格把一个标准抛给了他们。他们做了坏事，可是因为他们没有被审查到，所以没有被曝光。如果要你从一群申请做办公室勤杂人员的人中，或者从一群来申请其他简单工作的人中，选一个人来做这份工作，假如你的挑选方法是闭着眼睛，那么，你只有一半的概率选对人，也许还要高一点。通常标准下，我们对工作标准并没有提出很高的要求，因此办公室的工作人员都只能对自己的那份工作游刃有余，而如果把标准提高，这些人就无法再顺利地完成自己的工作了。尽管很多办公室主任的目光都非常犀利，也见了那些申请工作的人员，并向他们发问了，还对他们给出的答案进行了记录，以对他们的本质有所了解，可是运用这种办法来选择人才，并不是最好的，因为它也没办法提高挑选的准确率。相比任意选择的方法，这个方法要强一点，而这也正是那些心理学骗子打擦边球的原因所在。

5. 人格的改变一定和语言脱不开干系吗？

通过对环境的改变，我们可以对人格进行改变。可是，我们一直到现在几乎还是没有想到这一点，原因就在于用这种方法对人格进行改变时，有一个棘手的问题。当我们试图通过对个体的外部环境加以改变，从而来对人格进行改变时，个体会采取语言和动作的形式，使用他原有的内部环境，而我们是无法对这一点进行禁止的，这也就是我们所遇到的难题。假如我们把一个没有任何工作经验的人，一个长期处在母亲宠溺状态下的人，一个城市顶级的酒店的投资人，或者一个经营服饰用品商店的老板，送到刚果自由区，并给其设置一个非常特别的环境，也就是能够塑造一个“边缘人”的场景中，可是，他拥有自己的语言，和之前他所生活的地方的一些取代品。我们在学习语言时发现了语言，当它得到充分发展时，事实上它让我们有东西去对这个世界进行训练。因此，假如他没办法掌控他现在所在的地方，他就很可能离开边缘区域。如此一来，在今后的时间里，他会一直在原有的取代的言语世界里生活。而这样的人也许会变得很孤僻，不愿意和他人共处，在自己的内心世界里活着。

当然，并不是说，有一些困难存在，个体就没办法对自己的人格加以改变，实际上还是可以的。老师、朋友，或者包括电影、戏剧等，都会极大地帮助我们重新塑造人格。当然，假如一个人不愿意直面这样的刺激，那么他就无法改变他的人格。可是，这样的人也没办法变得越来越完善。

第五章

学会克服恐惧：如何才能把恐惧害怕的心理克服掉

在我们前面提到的情绪中，其中一种就是恐惧，它是一种心理活动状态，不管是人类，还是其他生物都会具有。为了方便人们理解，我们可以这样定义恐惧：当人们遇到某种危险情况，想要挣脱却又无能为力时所产生的一种害怕的情绪感受，这种感受极其不自然，而且会让人备受折磨。数千年以来，我们的祖先就一直在和恐惧做斗争，他们创立了各式各样的宗教，试图用超自然的信仰让人们远离恐惧，可是这样的方法治标不治本，并没有提出真正有效的解决方法。直到后来，行为主义者从刺激和反应的层面对恐惧进行表述，并提出了比较完善的解决方法。行为主义者是这样定义恐惧的：恐惧是指同时出现两个或多个刺激，并产生取代反应而引发的，所以，只有从刺激和反应着手，才能对恐惧问题加以解决。用良性的刺激取代不良的刺激，就可以从本质上把恐惧克服掉。

1. 可以消除恐惧吗？

为了对儿童的条件性恐惧反应加以明确，我们进行了这样的实验：让很多年龄层次不一样的孩子进入一组特定的场景中，而这个场景可以引发恐惧反应。结果显示，在家里抚养的孩子出现恐惧反应。以这一现象为依据，这些反应是条件化的更加让我们深信不疑。让每个孩子在实验中经历这些场景，对他们在这里的各种行为表现进行观察，不仅可以让我找到有关儿童最显著的条件性恐惧反应，而且还可以发现是哪些物体（和通常的场景）引发那些反应的。

在这里，必须提一下，我们当时在进行这项研究时的条件非常不乐观。我们并不知道儿童恐惧反应的遗传史，因此，我们也不清楚一个特别的恐惧反应是直接被条件化的，还是只是转移。可以这么说，这非常不利于我们的研究。

我们进行了下面的实验：当我们确定了一个儿童的恐惧反应和引发恐惧反应的刺激以后，下面我们要做的，就是尝试着去把它清除掉。这个实验的目的就在于确定能不能通过清除刺激源来把恐惧反应消除掉。

不管是儿童还是成年人，只要经过足够长时间的刺激消除以后，就可以把“他的恐惧”给遗忘，这是我们以普遍的假设为依据做出来的判断。测试也真实地告诉我们，这个方法的确有一定的成效。以下是我引用的琼斯夫人的实验室记录。

案例 1：21 个月大的被实验者罗斯。

普通场景：罗斯被我们和其他孩子放在一起，一起在围栏里玩耍。这时，一只兔子从屏障后面走出来。

实验时间是 1 月 19 日。

罗斯此刻正玩得高兴，当他看到兔子以后，开始放声大哭，可是当实验者拿起那只兔子时，罗斯哭得没有那么厉害了；而当实验者再次把兔子放回去时，罗斯又开始哭泣；当实验者拿走兔子以后，她没有再哭，而是默不作声地拿了一块饼干，去玩她的积木去了。

实验时间是 2 月 5 日。

两个星期以后，我们又设置了和前一次一样的场景。罗斯这次看到兔子时，一边哭泣，身体一边抖个不停。几分钟以后，在罗斯和兔子中间坐着的实验者，把玩具拿给她，想让她不要一直盯着兔子看。尽管罗斯最后不再哭了，可是也没有玩玩具，目光一直没有离开兔子。

案例 8：30 个月大的被实验者博比。

实验时间是 12 月 6 日。

正在玩游戏的博比突然看到一只被关在笼子里的小老鼠。当时他看上去并不是十分害怕，即，其恐惧反应非常小。他没有和老鼠靠近，而是远远地站着，看着它，之后便开始后退，还哭了起来。接下来 3 天时间里，我们慢慢训练博比，他也慢慢开始适应，并和老鼠待在一个围栏里玩，而且还敢触摸它了。即，他已经不害怕老鼠了。后来，我们不再继续用老鼠刺激他。

实验时间是 1 月 30 日。

大概两个月的时间过去了，我们又带博比到实验室来了，在这之前，我们没有在博比身上进行过任何特殊的刺激实验。到实验室以后，博比开始在围栏里嬉戏，过了一会儿，一个实验者拿着一只老鼠走了出来。刚一出现在博比眼前，他就马上跳了起来，跑出了围栏，还不停地哭着。实验者把老鼠重新放到笼子里，博比跑过去，把实验者的手紧紧抓在手里。由此可证明，博比受到了惊吓。

案例 33：21 个月大的被实验者埃莉诺。

实验时间 1 月 17 日。

当一个手拿青蛙的实验者在正在玩耍的埃莉诺身后出现时，埃莉诺发现后，就朝那只青蛙走过去，并用手触摸它。这时，青蛙开始跳动，吓得埃莉诺迅速往后退。后来，只要青蛙出现在她的面前，就会引起她强烈的反应，她会摇着头，使劲甩开实验者的手。

实验时间 3 月 26 日。

两个月以后，很久没有接触过青蛙的埃莉诺再次被我们带到实验室。当埃莉诺一看到活蹦乱跳的青蛙，她马上往后退，之后哭着从围栏跑了出去。

以上的一些测试和一些相关测试结果告诉我们，把情绪干扰清理出去的办法，和我们想象中的并不一样，即，没有取得我们想象中的效果。可是，因为受到各种因素的影响，我们这次实验确实持续的时间不够长，这就使得我们的研究所产生的证据也不够完整。

2. 用言语消除恐惧

我们想实验的另一种方法，就是用言语来组织儿童对引发恐惧反应的物体进行反应。可是在赫克希尔基金会所进行的实验中，那些受试者的年龄基本上都小于 4 岁，因此限制了这个实验的可行性。原因是，只有当儿童具有相应的语言组织时，我们才能开展这方面的实验。可是，尽管这样，我们依然找到了一个比较满意的被测试者——一个 5 岁的小女孩儿。这个女孩组织言语的能力非常强，于是，我们决定在接下来的实验中，被测试者就由她来担任。

接下来，我们开始实验：她面前突然出现一只兔子，看她会有什么样的反应。结果是，当这个小女孩儿突然看到眼前出现一只兔子时，她出现了恐惧反应。之后的一段时间里，我们让兔子消失了，可是，实验员天天都会讲和兔子有关的事情给她听，而且还会运用一些道具，像拿着《兔子彼得》的连环画，把里面的内容讲给她听；把兔子玩具、塑料兔子模型等拿给她玩，还给她讲了很多兔子的故事。在讲故事时，还会时不时向她发问："你的小兔子在哪里啊？""我摸过你的小兔子，它很乖哦"等。连续一个星期都在进行这样的言语组织，当兔子再次出现在她的面前时，她的反应依然和第一次看到兔子时一样，连连往后退。即便她当时正在玩玩具，可是当兔子出现在她的眼前，她立马离开了玩具。

当实验者去安抚她，或者把兔子拿在手里时，她也会非常小心地去触摸兔子。可是，只要实验者放开了兔子，她就会哭个不停，还一直说"拿走"。从这里可以看出，假如言语组织和动作的或内脏的顺应无法连接在一起的话，是很难把女孩儿的恐惧反应消除的。

3. 如何以社会为仰仗消除恐惧？

孩子们通常是在学校和操场上结识更多人。在一群孩子中，假如有一个孩子非常恐惧某一物体，而他身边的孩子却没有同样的表现，那么大家也许就会把这个孩子叫作“胆小鬼”。我们接下来的实验就是，把这个因素运用到一些儿童中，看看会有什么样的结果。接下来我们就会举一个这样的例子。

案例 41：4 岁的被实验者阿瑟。

阿瑟被我们的实验员放到了游戏围栏中，围栏里只有他一个孩子。阿瑟正在里面玩游戏，突然，他看到了鱼缸里的青蛙，然后就哇哇开始哭，还说“它们咬”，随后就跑出了游戏围栏。之后，实验员把他抱到一个房间里，里面有 4 个小男孩儿。进入房间的他摇晃着对着鱼缸，并拼命躲到那 4 个孩子的后面。这 4 个孩子中的一个把一只青蛙拿在手里，并转身朝他走来时，他尖叫着跑开了。这时，那几位小朋友并没有放过他，而是边笑话他边拿着青蛙跟在他后面。在这个过程中，阿瑟的恐惧反应没有得到丝毫的减少，从这里可以看出，在特别的场景中，恐惧不会下降。

据此我们可以断定，使用这一方法消除恐惧是充满危险性的。它不但不会让儿童对动物的恐惧反应下降，还会给整个社会带来负面的反应。

而一些实验则告诉我们，采用合适的社会方法是可以减少恐惧反应的，即我们常说的社会模仿。请看下面两个案例。

案例 8：30 个月大的被实验者博比。

博比被实验员放在围栏中，和玛丽、劳雷尔两个小朋友一起玩耍。一会儿以后，实验员拿进来一只装有兔子的笼子。当兔子出现在博比眼前时，他马上开始哭泣，大喊着“不、不”，还让实验员赶紧拿走。可是小女孩儿玛丽和劳雷尔看到兔子以后却非常兴奋，欢快地朝兔子跑去，并开始热烈地讨论。这时，原本非常害怕兔子的博比，看着伙伴们兴奋的表情，也有了兴趣，缓缓地朝跟前挪过去，说："什么？我也看看！"据此我们可以断定，当处于社会环境中时，博比的其他冲动被新奇和自信压下去了。

案例 54：21 个月大的被实验者文森特。

实验时间 1 月 19 日。

文森特一点儿都不恐惧兔子，甚至在兔子用爪子触碰他的脸时，他也不觉得恐惧，而且脸上还洋溢着快乐的笑容。同一天，我们让他和露西一起待在围栏里玩耍。当露西看到兔子时，被吓得大哭。受到这种气氛的影响，文森特也开始慢慢恐惧兔子——在普通的游戏房里，露西的哭声并没有怎么影响文森特，可是，只要露西是因为兔子哭，就会提醒文森特。通过这样一种方式，恐惧发生了转移，一直延续了两个多星期。

实验时间是 2 月 6 日。

埃利和赫伯特正在游戏围栏里和一只兔子玩耍。一会儿以后，文森特也过来了。当他看到兔子时，他非常小心地在远离兔子的地方站着。看到文森特呆呆地站在那里，埃利便把他拉了过来，站在离兔子很近的地方，并引导他去抓兔子，文森特的脸上这才露出了笑容。

通过实验，我们得到了这样的结果。如果一个儿童本来对物体没有产生恐惧反应，可是，当他和一个已经对物体感到恐惧的儿童待在一起时，毫无疑问，后者会对前者的行为产生影响。所以说，不管采用哪种方法去消除恐惧反应，都不可能产生极其特别的效果，也不可能不伤害到儿童。

第六章

人性的弱点：行为心理学家的人性分析

人性存在着很多不足之处，我们很难准确地把这些东西描述出来。可是，实际上，一个人越是对人类的生活进行观察，他越会觉得，通常一个人的主要缺陷，才是他最值得夸耀的东西。我们的人性弱点有骄傲、自卑、爱耍小性子甚至强迫现象，而行为主义者也提供了一套完善的办法，来对人性弱点加以解决。在他们看来，这些不足之处基本上都来自于婴幼儿时期，而且是通过行为产生的，因此行为主义者不愿意提及“心灵”，即，人性的弱点和优点并不关系到意识。因此，从改变行为或刺激反应着手，就可以对人性弱点进行克服，对良好人格进行塑造。本章将会从行为主义的层面，对人性进行表述。

1. 小心心理学诈骗

人们在很多方面都采用了正统心理学家开创的理论，尤其是在人格研究中，也正因为此，很多被我叫作“骗子”的心理学寄生虫出现了。不可避免地，这些人中间也有一些知名人物，迄今为止，这些人物依然提倡用我们所摒弃的精神来沟通。他们声称存在人的外胚层，并宣扬这一结论可以被证实，证实有些人以某种神秘力量为依傍，可以干扰我们周边普通物体的物质平衡。我觉得在一众反对的声音中，最有分量的要数霍迪尼先生的攻击。可是也有一些学者的观点，对心理学领域中寄生虫的繁衍生息起到了推动作用，这些学者中就有奥利弗·洛奇先生和阿瑟·柯南道尔先生。我觉得正是因为存在洛奇和柯南道尔这些人，我们再用“骗子”这个词来称呼他们，就有点不太合适了，应该改为“走偏的热心者”。可是，尽管这些人在慢慢衰老，可是他们还依然活跃在历史的舞台，因为他们依然像孩子一样，害怕离开这个世界。可能拜这些人所赐，这个社会遭到的最大荼毒就是让某个精神病患者自杀了，假如他自己可以在外胚层的作用下，解放自己的身体，并从这个残酷、激烈、恶意的世界离开，那么他会兴奋于他这个美好的状态。

那种服务于行业的人才是最可恶的骗子，他们只在所谓的服务事业中投入了极少的资金，给工厂、机关选择人才，给受雇人员提供特长和人格说明。行为心理学家非常厌恶他们的这种行为，他们极大地伤害了大学。

前段时间，这类人主持了一个讲座，我去听了一下，他只是从表面上对自己的几百种观点进行了阐述，大体意思是，他可以说出每个人的特长，并可以判断出他从事什么样的工作才是最合适的，他还大言不惭地说，自己的这些解释基本上不会有什么误差。讲座完毕以后，我请他帮我解答这样一个问题，我说假如我带 6 个人到他的办公室里去，而且都是 16 岁，他愿不愿意用他的方法，帮我分辨这 6 个人中，哪 3 个是正常人，哪 3 个是低能人。他不需要说出这些人有什么样的性格，什么样的人格，也不需要说出这些人适合干什么，我只需要他告诉我，这几个人中，“理智”的是哪几个，“低能的”是哪几个。第一步要做的当然是解释性格和选择人格。事实上，我提出这个问题再正常不过了，没有想过要羞辱他，可是当我把这个问题抛给他以后，他却气冲冲地质问我为什么要有意为难他。

我曾经尝试着揭示可以从照片上对一个人的性格进行判断的主张。对此，在我的一篇文章中，我委婉地提示过，采用这种方法对他人性格进行判断是错误的。好像有些人被我的这个观点伤害到了，于是，有人撰写了一篇长文，来说明他所做的这件事其实并不简单，而且他的能力还受到他所在机构里一些文科硕士的信任，后者还愿意资助他 1000 美元，用于他进行这方面的研究：

（1）从一个“无助之家”中选择一群从孩提时期开始就是乞丐和没有价值的人，大家都很了解他们的经历。

（2）到监狱里去选择一群从年少时期就开始违反法律的人。

（3）选择一群知名的、学识渊博的人，在各自的领域里，这些人都名声显赫，在各大报纸杂志上，时常都可以看到他们的照片。

此外，统一给这三组人剃须洗澡、穿上夜礼服、拍标准照——当然，条件都是公平的。在开展这项实验时，一些人表示不同意，而这些人就是那些照片性格分析家们，他们觉得自己对照片的分析非常擅长，因此实验被中断了。

第三种骗子在指导他人对一个人的特性进行了解时，是着眼于人们的身体特征。虽然我们也时常观察一个人的皮肤、指形、发质等，然后将其相关联于某个种类的行为、个体的总体成绩，可是实际上，我们也不可能确凿地证实用这种方法作为联系，就可以得到更精准的判断。可是就偏偏存在这样一些人，他们不仅没有接受过正统的心理学训练，在心理学实验方面也从来没有过任何贡献，可是却声称自己可以非常精准地把总经理和销售人员挑选出来。尽管我们非常质疑这些人的观点，可是在一些名声显赫的杂志和报纸上，我们却可以时常看到他们的广告。而这些杂志和报纸在对杂货店和药品广告进行刊发时，都会非常仔细地研究其中的每一条说明。

在心理学家看来，找到某种身体特征和某种能力之间存在的关系，其实有很大的难度，想要把任何一种简单的身体特征或一组身体特征和任何一种能力或几种能力之间关联起来，都不容易。我们在静止地观察一张照片或安静的一个人时，我们可以肯定的只有一点，那就是这个人看上去是健康的，似乎智商也不错，不是一个笨蛋。即，当我们处在这样的场景下时，我们也只能进行客观判断，甚至再进一步确定他是不是一个“低能的人”，我们都不愿意。事实上，即便我们和一个人进行了长达一小时的交谈，有时也可能会因为一件再简单不过的事情而做出错误的判断，这样的经历我就有过一次。前段时间，我结识了一个人，我们先是电话沟通了20分钟，之后又见了一次面，这次见面持续了半个小时。这个人受教育水平较高，而且具有非常强的能力。看上去他像有什么重担压在身上——事实上，我们中的很多人都被压力所折磨，尤其是初次见面——在离开的前2

分钟，他抽了一张1000美元的支票出来，然后告诉我，他是做缝纫机修理工作的，每天平均赚1000美元。我访问了他50分钟，访谈结束时，我已经把我之前的判断推翻了，并觉得他是个神志不清的人。之后，我详细翻阅了他的经历，并相信自己判断无误。

心理学骗子会极大地危害我们这个社会，这是毋庸置疑的，它给科学方法的建立和广为流传设置了障碍。我们的一些老板，在选拔人才时，一直有一个根深蒂固的观点，应该参照某些神奇的办法，可最后是他们自己对人才造成了困扰。跟大家说这样一个场景：总会有人来找我——数量我就不跟你们说了，反正这样的人时常有，为什么他们会找到我这来呢，就是因为他们的职业受到了别人的质疑。这些人在自己的本职工作上都是一把好手，可是一些性格学家却跟他们说，他们本应该发展得更好，假如他们从事歌剧、外交，或是进入职业发展更广的领域。而听到这些话的他们觉得自己好像应该再进行一次选择，即把现在的工作舍弃掉，之后依照性格学家的说法，去追求未可知的、没有得到证实的美好远景，即去从事能让他们的人生更加辉煌的工作。

我愿意花更多的时间来告诉你们这类骗子时常会采用的手段。可是在这里，我只是给大家列举一下不同种类的骗子通常会采取的手段。在这些骗子中，颅相学家也是一种对人格进行飞速浏览的人。他只要和你的头碰触一下，就表明他已经对你很了解了；他和你的头颅碰过以后，就代表已经展开了你脑中的某一部分，而这里面就有你的能力和职业的归属。他通过和你头脑的触碰，把图表绘制出来，然后把你的能力标示出来，可是碰触头颅和脑的形态或体积毫无相关。颅相学家碰触一下我们的头盖骨，可能也只是按压了一下我们的头盖骨或脑室，而这有时会形成推进和推出两种情况。一般情况下，脑是光滑的，就如同漂浮在一种液体中一样。此外，我们已经把脑的“官能”、脑的定位都抛到一边了，而随着科学的进步，人们愈加了解物质世界以后，几十年以前，颅相学家就退出历史舞台了。如今，神经病学已经发展成为一门科学，而它所涵盖的范畴也远远超出了心理学领域。

还有一种是笔迹学家，这些人以一个人的书写为依据，进而把他的潜力和个性说出来。一个人在书写中认真的习惯，他是不是很马虎，笔迹朝哪边歪斜，都在告诉我们一个人的人格可能是什么样的。我想警醒大家的是，还是不要太执迷于这些说法，通过笔迹来对人格进行了解的方法，只适合于玩玩，不能太较真。当然我们也不能否认，我们确实可以从一个人的书写中，了解一些东西，举例来说，一个总是写错字的人，我们可以给他下这样的评语：也许他不够认真，写字的速度比较快等。

此外，以一个人留下的书写作品为依据，就可以挖掘出一些和他人格相关的线索。一些心理学家其实早就开始这方面的研究了，时至今日也没有中断。可是，研究者最起码已经发现了一点，那就是某种笔迹和某种能力之间是有关联的观点是值得质疑的，其依据也非常不靠谱。人们最起码会向笔迹学家提出这样的要求，可以通过笔迹，对书写者的性别进行辨别，可是只是完成这一点就很不容易。前段时间，我翻阅了一大批只有姓没有名字的签名，在我看来，那些笔迹都出自于男人之手。结果最后证实，竟然 80% 都是错的，也就是说，大概有 80% 的签名，都是出自女人之手，而不是我之前所以为的男性。

2. 成人有哪些人格弱点？

人性的弱点非常之多，我们很难简单地为主要的失败描绘出一个开端。

而实际上，一个人越是深入地观察人类生活，就越会坚定地认为，一个人的主要不足之处，通常就是一个人看上去最强大的东西。从以下几个和人格弱点有关的标题出发，我们可以对此这样加以描述，这几个标题是：（1）我们的自卑；（2）对奉承话有什么感想；（3）为了变成国王和王后，我们一直在拼搏；（4）源于婴儿时期的不健康人格的普通缘由。

首先是我们的自卑。我想先和大家一起共同对自卑是如何被“组织”纳入这个系统的进行讨论。精神分析学家也曾经对这个问题展开过深层次的研究，而我想告诉大家的是，科学术语中到底出现了什么情况？即，自卑是因为什么带来的？大部分人已经形成了一组像羞愧、安静、发火等把我们的自卑隐蔽起来的反应，当然，还有一些极其常见的方法，像在社会问题或道德问题上坚持原有的观点等。比如一个极其以自我为中心的人为了掩盖他自私的一面，通常会安排一个非常好的理由；那些反复重申贞洁的人，通常是最卑鄙无耻的人；而老喜欢夸耀他的道德观的人，重申行为准则是生存根本的规章制度的人，通常是最容易受到诱惑的人；这一些人的内心都不堪一击，因此为了支持自己，这些反应是必需的。

同样的道理，我们组织习惯系统的功能，就在于把我们身体的自卑隐蔽起来。身材不高的人，通常讲话声音都会特别大，在穿衣打扮上也会和别人不一样，而且表现得一副“盛气凌人”的样子，还会采取过激的行为。他之所以会有这样一些反应，采取一些与众不同的方法来展现自己，就是为了让他人关注自己。女性之间这种情况就更加严重了，一些相貌平平的女性，为了掩饰自己的普通，也会找到一些办法来和那些美丽的女性相抗争。尽管她们五官不够美，可是却可以很好地装饰自己的外形；也许她们的手臂不够优雅，可是她们的腿却受到一些艺术家的敬仰。如果自己从长相、身材方面来和别人对比，的确有一些不足之处的话，她们还可以让自己更新潮。如果身材太臃肿而无法风度翩翩时，她们就会乘坐豪华的汽车，佩戴华丽的珠宝，以此来让自己光彩照人。

可以这么说，不管怎样，大部分人都不会让自己一直陷在自卑的泥潭中。尽管我的这一观点遭到一些分析学家的反驳，可是我觉得就是如此。我有很多分析学家的朋友，他们的理论也时常被抨击，就像其他领域一样，当人们大肆抨击他们所拥有的较大权力时，他们都会非常生气。为什么他们都不一样？我们不得不承认大部分人所持的这一个观点，当人们极尽渲染自己的优点时，是为了夸耀自己，对于他们来说，这是必不可少的，就如同婴儿会做一个动作，在把奶瓶抓到手中前。我们想知道的是，人们这样做的原因是什么？事实上，早在婴儿时期，就已经有了这些所谓的“补偿”的源头。我们成年人总会夸耀自己的孩子，你很聪慧，强过邻居家的孩子。人们极其宠爱自己的孩子，为他付出再多都心甘情愿。分析学家把这个叫作“自我”的表达。当我们还在母亲的怀抱里时，我们就已经形成这种“自我”，形成了这种有组织的习惯系统。而正是因为父母自己的自卑，才形成了这一结果。人们总是尽可能地对自己的孩子加以维护，哪怕他长得很丑，可是，当有邻居拜访时，他们总会找到一些自己的孩子身上有而邻居家的孩子身上没有的东西。如果他的孩子脚长得不好看，他也许就会觉得自己孩子的手长得很美。长此以往，孩子从父母那里听到的对自己的评价就全部是好的，一个不好的都没有。一个人就这样形成了和他本人有关的一种资源的言语组织，他可以对它加以讨论，却没有学会讨论自己的不足之处。

第一，对奉承话有什么感想。通过观察男性和女性的人格，人类保护层中的一些弱点呈现在我们眼前。我可以给大家提供一种武器，可以把大部分人的保护层戳穿，如果人们想要的话，它就是奉承话。可是，奉承话已经成为一门艺术。所以，只有那些训练有素、在艺术方面有一定特长的毕业生才能自如地使用它。我曾经在前面跟大家说过，大部分人都有一组主导性的习惯系统，它们或许从宗教来，或许从道德来，也有可能从职业或艺术来。假如一个人持续接受到的奉承和他在这几个方面的成就息息相关，那么你可以尝试着运用这一方法去接近他，因为它会提升你成功接近他的机会。我们完全可以说，假如是一场访问，有时候只需要 5 分钟，就可以给这个主导性组织把基本思想定下来。在访问中会快速暴露出速度狂、效率迷、禁酒者、禁烟者等组织。通过很多观察，我们发现，当一个熟悉这方面的陌生人在结识这些人，并和他们的弱点靠近时，他们几乎都会这样评价他："他是一个很伟大的人，很睿智，和他交谈会让人很舒服，我觉得他应该是我们的焦点。"

精神分析学通常把性格中的弱点派叫作"回避机制"的东西。举例来说 A，他是一个非常顾及他人感情的人，他不想伤害任何一个人的感情，而且为了做到这一点，他把财富放弃了，甚至最后连原则都不顾了。他还觉得自己应该承担关怀他人、给他人排忧解难的义务。而这么怯懦的他根本做不到雷厉风行，也不敢大胆说出自己的真实想法。

我非常怀疑，在任何戒律、任何诚信的原则和任何始终如一的信仰上，男性和女性都完好无损。我觉得，也许过去还可以做到这一点，可是如今却是不可能了。现如今，人们的很多行为都已经不在习俗的框架内，还时常违背宗教禁令，商业活动中的欺诈行为更是让人目瞪口呆，以至于要用法律来维护商业诚信和正直。假如不能顺利地解决我们的弱点，继续执拗、敏锐下去，那么大家必然会受到伤害。我之所以说这些，并不是说我们今天就会去做那些不合法的事情，像抢银行、劫掠，或者居心叵测地去利用别人。而是想告诉大家，在一些特殊情况下，我们也许会做一些不符合道德的事情。这种事情并不是偶然发生的，无论是在经商活动中，还是在工作过程中。比如你有一个前任，当他给你提供帮助时，你会非常体贴地把他应得的利益提供给他。你支持他，他永远是对的，不管在什么情况下。

可是当你和他靠近，开始和他在权力上有共享时，你应该多聆听，少说话，用耳朵去寻找自己的不足之处。假如你偶尔听到他并不相信你时，你的脑海中就会出现一个很大的声音。当你终于取代了他时，你会大感惊讶，你这么一个凡夫俗子怎么会取代他呢？为了使你的取代合理化，你会搬出你自己的经济实力，如此一来，你不仅让你的资产负债表变强了，还巩固了你现在的地位，避免出现像之前那样的竞争。

我在这里揭示出了人的本性，事实上没有掺杂任何不好的企图，我想跟大家说的是，我们的行为方式在某些场景中是自发的。大多数人其实很了解自己的弱点，当然，也有一些人对自己的弱点没有进行过深入剖析，他们觉得只要是人类，就会有那些不足之处，而且完全不在意自己的那些不足之处。我觉得心理学家最擅长给人际关系的表达提供帮助。我是这样意译《圣经》上的一句话的：仅有一个办法，可以看到别人身上的不足，那就是先去掉自己身上的不足。这条规则让人从内心里真正信服，可信度甚至超过待人规则、康德的《宇宙观》。

我们几乎不太知道“你想人家如何待你，你也要如何待人”这条做事准则。在这些方面，我们中的一些人是偏离正轨的，甚至是有问题的。而在那些方面，另一些人又是偏离正轨的，甚至是有问题的。所以，当我们在待人处事中遵循这条准则时，通常未必能顺心遂意，因此我们时常身陷囹圄，甚至有时候同时被几种最糟糕的处境包围。

“有规则的运动适合于构成宇宙”，这是康德在《宇宙观》中所说的。可是，心理世界变幻无穷，对此，明显找不到什么合适的规则来组成宇宙。在伊甸园中非常适合的准则，不可能适合恺撒时代和1925年。没有人会对自己的行为方式浑然不觉，而且还会吃惊于会触发他行为的真正刺激。对于自己以自我为中心、逃避困境、妒忌、恐惧竞争以及对奉承话的感受性，我们都有感觉，不想把缺点展示出来，甚至为了让自己能顺利挣脱，还会推卸责任等，而人性中最难以置信的部分确实就是由它们组成的。通常情况下，只有在一个人真正和自己面对面时，才会把这些东西揭示出来，而这时，这些东西会打倒他。于是，他会想方设法让不道德的准则变得合理，以此把自身幼稚的行为掩盖住，给自己辩解。而敢于直面自己人性的不足之处的人，才是真正的勇士，他们才不会对其大加遮掩。

第二，为了变成国王和王后，我们一直在拼搏。估计没有人不想成为国王或王后，而且觉得这是自己理所应当享有的权利。事实上，这是因为父母从小就是这样教育我们的，再加上我们后天所读的书，所以才会有这样的想法。这个梦想几乎一直存在于人生的整个历程中。

国王和王后过着高高在上的生活，对于自己想要的东西，他们没有得不到的，吃的是世界上最好的食物，住的是世界上最好的房子，还有专人服侍，更多的性欲也可以得到满足，还可以享受到更多的美学等，而在童年时期，我们可以享受到这些东西中的大多数，这也是人们为什么很难把童年时代放弃，一直希望可以把童年时代掌控父母的那种生活保留下来的原因所在。工人领袖高呼“打倒资本家，劳动者站起来”，这就相当于我们希望变成国王。同样的道理，资本家希望一直把劳动者踩在脚下，也希望成为国王或王后。

实际上，没有人反对这种争取，这属于生活。这类主导性的争取一直都存在，而且短时间内不会消失（直到所有孩子都被行为心理学家抚养长大）。想成为国王或王后没错，可是有一点必须要先弄清楚，那就是他们的领域是有局限的。而另一种事情是，有那么一些人希望自己成为国王或王后，可是却禁止他人成为王室一分子，这就让人心里很不舒服了。在很多领域，像牧师团、商业和科学领域，我们都发现了这一点。在教育领域其实就存在这样一些教授。当他们发现自己的得意门生出现不足之处，而且和教授自己的理论不一致时、在逻辑上存在不足之处时，他们就会一改从前的态度，不会再极力推荐他到理事会和主席团任职。当这位得意门生也得到了教授职位时，就更不可能出现推荐的事情了。而如果同事一再向他提出这样的要求，他们就会隐晦地提出反对的意见，让自己的做法看上去合情合理。我们时常可以看到某位教授对他的学生态度非常好，至于可以持续多长时间，通常取决于他有多长时间位于巅峰。可以这么说，他的这种仁慈本性和这个之间有很大的关系。人们会因为教授培育了不少年轻人而非常尊敬他。可是，他人是被禁止靠近他的王位的，要不然妒忌就会淹没他所表现出来的善良和友好。而那些所谓的正统做法，即社会上的行为准则和教养准则等的建立，都只是为了维护国王和统治者的统治。

我们很多从婴儿时期和青年时期就形成的习惯系统，直到我们成年都依然保存着，这一事实是人格的弱点揭露出来的。这些系统中的大部分系统在言语的关联和取代方面都不足，即，它们拥有难以言传的象征。个体不但不会去探讨它们，反倒还会否认他把婴儿时期的行为继承下来了这一事实。可是，这些孩子般的行为到了合适的场景中就会表现出来。而这些之前残留下来的东西，则会对健康的人格发展带来严重的阻碍。

在我们长大成人的过程中，家庭中的成员——像父母、兄弟、姐妹，会在其中起到至关重要的作用，所以在我们所继承的这样一个系统中，我们会非常依恋他们。而一个人如果对某个物体、地点或位置依恋感太强的话，会对自己不利。一般情况下，我们用“恋巢习惯”来称呼这种残留。虽然从表面上来看，婚姻只是两个异性走到了一起，可事实上远没有那么简单，它代表着一个陌生人进入到一个群体中，基于此，当一个人进入丈夫或妻子的心灵时，会出现很多难以克服的难题，之所以会存在世仇，也是因为这个原因——你从父母亲那里继承了很多习惯，而且通过类似的方式再带给陌生人。我们把这种幼稚病看作是一种不可磨灭的社会遗产。此外，人们也滋养了种族系统，只是通过不太显著的方式表现出来。

我们继续对一个人的成长问题进行探讨，这也是我们最想要了解的。我们先来回忆一下。如果在你母亲的抚养下，3 岁的你就已经明白了自己今后的行为方式。在母亲眼里，你就是个小天使，你不可能做错什么。你父亲也是如此，没有纠正你的行为。3 岁以后的你入学了，在学校里时常被人诟病。一段时间以后，你开始不去上学，而你的行为也没有遭到你母亲的反对。你又学会了说谎话，而且时常拿其他人的东西，老师把你送回了家，自此以后，学校已经禁止你再踏入。你母亲请了家教教你，虽然他可以对你进行教育，可是他的权限在你母亲之下。最后，你的人生输得很惨。这样的人在生活中比比皆是，他们就是那种没有把恋巢习惯打破的人，当这类人没有了家庭的宠爱时，他们不可能让自己活得很精彩。当青春渐渐远去，他们会再次回到早年的依恋时代，以期寻找到一棵庇护自己的大树。

第三，每年，我们都应该丢弃一些孩提时期的习惯，就如同蜕皮一样，但也不尽然相同于蛇蜕皮。慢慢长大的我们会不断进入新环境，而新的环境会以新标准要求我们，因此我们不得不有所改变。一个正常的 3 岁儿童，就应该有一个组织得非常好的 3 岁的人格，即适合于这个年龄的系统。可是当他长到 4 岁时，3 岁时所形成的习惯就应该舍弃掉了，而且还要把婴儿般的话语舍弃掉，改变个人习惯。如果一个 4 岁的孩子还在尿床、吮吸大拇指、害怕看到陌生人、和人交流有障碍等情况，就必须引起父母的重视了，孩子到了这个年龄以后，就应该把裸露的表现舍弃掉。而到了这时，身为孩子的父母亲，就要让他明白别人的房间是不能随便进入的，不能随意插话，应该学会自己穿衣服、洗澡，必要的时候，还要学会晚上自己一个人上厕所等。

假如一个 3 岁的孩子被这样教育，那么 4 岁时的他就会拥有适合其年龄的习惯，而且不会残存任何婴儿时期的东西。确实可以做到如此吗？答案是不尽然，这种模式只是来源于我们主观的创建，它其实根本不可能发生。否则，就是他们的父母没有残留一丝一毫婴儿时期的东西，或者他们确实非常了解如何教养孩子。

我们已经总结性地表述了遗留物到底会引起什么样的后果，下面我从咨询经验中选取会对成人生活产生影响的众多因素中的一个，给大家深入地理解这个问题提供帮助。如果一个孩子受到母亲过度的疼爱，那么，他要想结婚就会遇到很多难题，因为不管儿子做出什么选择，这个母亲都不会同意。终于等到儿子结婚了，家庭也就开始了硝烟弥漫的日子。当这种纷争不断的日子暂时有所缓解以后，媳妇过来和父母一起住。可是，接下来的事情就会愈演愈烈了，儿子有了他母亲和新娘两个妻子。这个青年在遇到这样的情况时，必须让自己真正变成一个成年人，把婴儿时期的残留物舍弃掉，才能把他母亲的条件反射挣脱掉。

婴儿时期的溺爱是自负的源头所在，而自负会损害人格，因为它是蒙昧的代表。我不需要再对婴儿时期的遗留物进行延伸了。可是我想告诉大家的是，整个行为在某种程度上所表达出来的事实，就是婴儿期和童年期会让人的人格拥有魅力。

3. 精神病确实存在吗?

接下来，我要跟大家对这样一个问题进行探讨：那就是是不是真的存在像精神病一样的疾病？假如确实存在，它会有什么样的表现？要如何才能把这种疾病治好？

精神病的概念是什么？当出现一种像精神病一类的不正确的定义时，

我会从另一个层面来看待这种疾病、精神症状和精神治疗，如果它确实存在的话。当然，我只能大体上概括一下我自己的观点。我会用“人格疾病”或“行为疾病”“行为障碍”“习惯冲突”来取代所谓的“精神障碍”“精神疾病”这样的术语。在很多声称的精神病理的障碍中，根本不存在引发人格障碍的器质性障碍——不可能有传染，身体上的侵害也不存在，生理性反射也有。可是，个体有着一种不正常的人格，也许会严重妨碍他的行为，或者处在一种精神不太正常的状态，有时为了保障他和其他人的人身安全，我们甚至会关押他，至于关押多久，则取决于他的状态。

目前，还没有人合理地对社会结构中存在的各种行为障碍进行分类，最起码我是这样看的。躁狂抑郁型精神错乱、早发性痴呆、焦虑型神经症、精神分裂症，这些分类我都听说过，可是对我而言毫无价值，因为我对它们全然不知，我只是对像阑尾炎、胆结石、肺结核、乳腺癌、瘫痪、机能不全等有常识性的了解。我还了解一些有机体发生的情况，像一种组织受损以后，要多久才能康复。我可以理解内科医生跟我说的病情。可是一个精神病理学家告诉我“精神分裂症”，或者“杀人性躁狂症”发作时，我认为对于他们自己所说的话，他们本身也并不了解。我为什么会有这样的想法呢，那是因为我觉得他们在说到这些时，在看待病人时，总是用“心灵”这一观点，却没有站在个体整体行为的模式和行为的遗传原因的角度，去对这一问题进行考虑。毋庸置疑，这种情况如今已经改变了不少，在之后的几年里，更是进步神速。

我认为不需要把什么“心灵”的概念引入到精神病中，为此，我向大家展示一幅图景，这幅图景来源于一只精神病态狗的想象。如果有一只经过我严格训练的狗，它可以离开放有牛排汉堡的地方，而去吃已经变质的鱼。我用电击的方法训练它不在犬行的路上去闻母狗——它会在相应范围内绕着母狗走，可是距离在 10 英尺以内（在老鼠身上，我也曾做过类似的实验)。此外，我让它和雌性小狗、大狗在一块玩耍。可是，一旦被我发现它想要和母狗交配，我就会对它进行惩罚，我还为它安排了一只同性恋的狗（类似的实验在老鼠身上也做过)。如此过后，当我在早晨向它靠近时，它不再像以前那么活跃，那么可爱，也没有过来舔我的手，而是躲在角落里直发抖，或是看上去一副害怕不已的样子，还哀嚎着露出牙齿。它不但不会去追赶小老鼠和其他小动物，还会离它们远远的，发出恐惧的声音。它睡在垃圾桶里，把自己的床弄得惨不忍睹，而且老是尿尿，半个小时就要尿尿一次，到处都是它的尿。它在离树干两英尺远的地方抓咬、嘶吼，可是不去嗅那些树干。它每天只睡 2 个小时，而且是靠着墙睡，不是在地上躺着睡。因为脂肪类食物它都不吃，所以它的身体素质越来越差，不停地流着口水（我规定它对几百种物体要大量分泌唾液)，这些妨碍了它的消化功能。

我把变成这样的狗带到了一个专门对狗进行治疗的精神病理学家那里去。因为这只狗没有生理反应的异常，器官上也没有任何损伤，因此，精神病理学家诊断过后，给出的结果是它得了精神病，即精神错乱。因为精神状态不太好，它的各个器官已经不能正常工作，最显著的一点就是它没有了消化功能，而这正在加速恶化它的身体状况。此外，它已经不会做狗原本应该做的事情了，却会做狗不应该做的事情。精神病理学家考虑到这些，所以断定，应该马上把这只狗送到兽医院去，由专门对精神错乱进行医治的兽医对它进行治疗。假如不能尽快把它的病情控制住，也许它会从高楼上往下跳，也许会无所顾忌地走到火堆里。我当然不会采取精神病理学家的建议，而且我还把我的观点非常严肃地告诉他了：第一，我告诉他，他对我的狗一点儿都不了解；第二，站在养狗的环境观点的角度，即站在我对这只狗所采取的训练方式的角度上来说，这只狗再正常不过；第三，他断定我这只狗得了精神病，或者“精神错乱”的理由是他那荒谬的分类体系。

我希望我的观点能得到这位精神病理学家的认可，我还专门用自己的说明方法，全方位阐述了我的观点。可是很可惜，他完全不理会我的观点，甚至是以非常讨厌的语气跟我说："既然你不采取我的建议，而且这么有主张，那么你就自己给它治疗吧。"于是，我把这只狗带回来了，开始用自己的方法"治疗"它，即开始对它的行为困难予以纠正。我觉得我要做的就是，让这只狗最起码可以交到邻居家美丽的狗这个朋友。假如它的年龄已经很大了，我可以就让它待在家里，可是我的狗还很年轻，还不老，这就象征着，假如我的办法具有可操作性，那么它学习起来就很快，而我可以肯定地说，只要它学习，就一定让它把所学的东西都牢牢记住。我采用了不少训练方法，先是无条件反射法，然后是条件反射法。一段时间以后，我开始让它在饥肠辘辘时去吃新鲜的肉，我会在喂食前先把它的鼻子堵住，然后在黑暗中给它喂食。这一方法开了个很好的头，可以这么说，正是因为这一实验，才打下了我今天更进一步的研究的基础。我让它一直处在肚子空空的状态下，在早晨给它喂食。我不会再对它进行惩罚，也不会再在它身上使用电击，更不会抽打它。如此一来，一段时间以后，只要我的脚步声响起，它就恢复到了从前的活跃状态。这样对它进行了一段时间的"治疗"以后，它慢慢不再是从前那副病态的样子，它原有的行为已经不见了，取而代之的是新的行为。而且，它很快就变成了一条很美丽的狗，收拾得很干净，身上还扎着蓝色的缎带，走到哪里都受到人们的交口称赞。

看上去，我的这段描述有点言过其实，甚至侮辱了人，我也不否认，因为我们所看到的精神病院的病人，和我的这只狗的确没有任何关系。可是，我这里是对基本原理进行的研究。我尽力用最质朴的方法，来把我们的行为科学基础创建出来，因此，我才把这个拿来举例，来尽可能告诉你们可以被条件化。我们不仅可以把病态人格的行为复杂性、行为模式和行为冲突建立起来，还可以在相同的过程下，奠定最后引发传染和危害的器质性病变的基础，而这些并不用把“心—身”关系的概念引进来，甚至还可以和自然科学相关联。也就是说，作为一个行为心理学家，在看待“精神病”时所用的材料和规则无异于神经病学家和生理学家。

4. 怎样对我们的人格进行改变？

内科医生的职责在于对病态个体的人格加以改变。当人们发生一种习惯性的障碍时，就必须去找内科医生，无论现阶段他的工作能力有多么受人诟病，依然要如此。如果我觉得自己的一只手臂没有了知觉，无法拿刀叉了，或者对于家庭成员，我无法给出形象化的反应了，而在体检时，又没有发现器官上有什么问题。这时，我会马上去找我一个做精神分析工作的朋友，我会告诉他：“虽然我跟你说，我现在的情况非常差，可是请你一定要帮帮我。”

对于我们“正常人”来说，事实上，当我们检查过自己，并决定舍弃自身一些不好的残留物时，我们也会意识到，确实很难对自己的人格进行改变。一夜之间就把化学学会，我们可以做到吗？假如让我们用一年的时间成为最杰出的艺术家和音乐家，我们能做到吗？毋庸置疑，即便只是上面所说的这些事情，要想完成就已经有很大的难度了，就更不用说对我们的人格进行改变了。我们要先将已经组织好的大量的原有的习惯系统舍弃，才能形成新的行为。在这个过程中，前者所面临的困难要远远大于后者。可是，要想得到新的人格，这一问题就无法逃避。在这条路上，任何人、任何学校都无法给你保证，给你的指引是最正确的。而我们所亲身经历的事情才能真正改变我们，其中的每件事也许都代表着一种改变的开始，像家庭中的一个非常不幸的消息、一场地质灾害，甚至一场打斗，当然，也许还有健康状况不如从前，宗教信仰的改变等。即，不管什么事件，只要瓦解了现有的习惯模式，都会打破你旧有的规则，让你处在另一种状态中。在这种情况下，你必须学会和过去对物体和场景的反应不一样的反应。也许这时会启动对于你来说，一个新人格的重建工作。我们会在新的习惯系统形成的过程中，舍弃旧的习惯系统，直至它彻底消失。即，在这个过程中，个体正在慢慢丧失之前所保持的习惯，所以，他会越来越不会受到旧习惯系统的主导。

那么，我们要怎么做，才能改变我们的人格呢？我们可以把这类东西派上用场：首先，是“非习得”的东西（它们可以是一种正向的“无条件反射”过程）；其次，是新习得的东西，这是一个正向的过程。从这里可以看出，只有先对个体环境进行改变，才能对人格进行完全的改变，也才能实现个体重塑的目标。可以说，这一方法是仅有的一个可以操作的方法，在这一方法的帮助下，可以形成新的习惯。它们越是充分地改变环境，越是会对人格进行改变。可是，极少有人可以独立做到这些。因此，我们一直都有相同的旧的人格。很多人都想对自己的人格进行改变，可是因为其中存在着种种困难，因此，将来，我们应该成立对我们的人格进行改变的医院，来给那些想要改变自己人格的人提供帮助，这样就可能减少做这件事情的难度，而且也不会花太长的时间。

第七章

天赋与本能：行为心理学家眼中的人体潜能

人在天生的身体器官的主导下，本能地就会在呼吸、心跳等方式的作用下，对刺激做出反应。在我们看来，和如今的心理学家和生理学家所描述的“天赋”或“本能”相关的东西在这些简单的反应中根本找不到。在人类的理解中，理应被叫作“天赋”的行为，其实都是在成长过程中，被社会中各种刺激条件所影响而引发的反应。而那些人们口中的“遗传”的素质，基本上早在婴儿时期就接受了训练。行为心理学家会想说：“这个孩子确实和他的父亲很像，身体都是颀长的，眼神也是一样的。他父母也对他极其疼爱，1 岁时就给了他一把小剑。在他们一起散步时，父亲会告诉他怎么舞剑、如何进退自如，还有决斗的规则等。”而不会说：“他在遗传的作用下，把父亲作为一名出色剑客的才能继承过来了。”

1. 确实存在“天赋”吗？

众所周知，生活在不同地区的人，其生活习俗也是不一样的，所做的事也是不一样的。在热带地区生活的人，全身裸露，维持生计的方式就是打猎、采摘野果；在温带地区生活的人，则往往在奢华的温室里住。男性爱好戴帽子，整日沉浸在工作中，女子则往往打扮靓丽，操持家务；而生活在寒冷地区的人们则往往把动物的皮毛披在身上，吃的食物也是油脂含量高的，在冰堆起来的房屋里居住。中国的人们以大米为食，西方国家则偏向于用刀叉进食……试问一下，种族生活习惯如此之多，在各个种族中生活的成员，如果不是被同一组刺激所影响，又怎么可能产生同一组的反应呢？生活在同一片区域的人中，几百万年前的人和现在的人之间有相同的“天赋”吗？抑或，如果一个人在非洲的黑人部落里出生，或者在华美的皇宫中出生，他会不会也表现出一样的“天赋”呢？

因此，在行为心理学家眼里，那些宣扬遗传因素会影响到能力、才能、气质、性格的观点根本站不住脚。这些后天的复杂反应，事实上是形成于其所生活的环境的刺激作用。作为解答这个问题最适当的人选——遗传心理学家，也想逃避这个问题，他们只会说：“的确是这样，不管一个人的父母的社会地位是什么样的，也不管他出生在多么优沃的环境，他作为婴儿的本质和反应无异于其他同类婴儿。”

一些坚信优生学主张的人群，可能会被这样的观点所伤，他们会提出这样的反对意见：“难道一个孩子的父母的基因完全不会影响到孩子的天赋吗？难道人们出生时根本不存在任何差距吗？这么多时代过去了，难道人类的思维和智商还停留在以前的状态吗？”

遗传差异确实存在于人的形式和组织上，就像不同皮肤的人会生下与之相同皮肤的后代，这是我们不得不承认的。通过遗传，还有一些变异的生理会在后代的身上延续，像皮肤的质地、眼睛的颜色、头发的颜色、白化病等。通过常识，我们知道，假如这样的特征可以在祖辈或父母的身上找到，那么几乎就可以预测，他的后代也会拥有相同的特点。可是，你的判断不要被这些明显的遗传事实所影响。假如没有在特别的场景中受到刺激，生活中还会有很多生理上的结构特点可能一直都不会表现出来。我们真正的遗传结构会以什么样的方式表现出来，最后取决于我们接受刺激时是处在什么样的环境下。就像铸铁之人的胳膊、健美人的身材和肌肉，还有一些常年趴在桌上干活的戴眼镜的人，他们之所以会存在生理结构上的不同，就是因为他们的生活环境所导致的。

生理上的遗传特质讨论完了，我们把目光转向心理。

一直以来，人们都有这样的观点，之所以会出现天才，都是因为遗传的原因，这样的道理也可以运用到一些犯罪分子身上。人们也一直秉持这样的观点，父母什么样，其子女也会是什么样，那些名声显赫、博学多才的人的后代，和他们也是一样的。于是，他们就会有这样的言论，“一个家里的父亲什么样，他的儿子也必定是什么样。一个家里的母亲什么样，其女儿也必定是什么样。”当然，我们不否认，社会上的众多家庭中，其中确实存在很大一部分，儿子会受到父亲的影响，而女儿会受到母亲的影响。可是在行为心理学家看来，这并不是因为遗传因素的影响，因为不可否认，我们也看到了一些人不仅在成绩上比他们的父母辈优秀，而且在性情上也是如此。人们之所以会有这种普遍的观念，是因为大部分人的生活环境会受到家庭环境的直接影响，他们生活的范围狭窄。由于只能在较小范围内接受刺激，很多人的性情就只能在固有的环境的影响下，通常会出现狭隘、偏执、固执的行为反应的特点。可是在一些健康的集会里，像教会、读书群、音乐群等信仰一致或者爱好相同的组织里，我们也会发现一些之前在家里寡言少语、动不动就生气的人，到了这里却改变了自己的性情，也没有再墨守从前的生活圈，与其他性情不同的人有了交集，这都是缘于精神这座桥梁。而他被环境、人际关系影响以后，也会慢慢成为一个素养极高、智商极高的人。

为了证明遗传不会影响到才华、气质等心理特点，我们来举这样一个例子。大经济学家约翰·史密斯的儿子韦斯利·史密斯从小就在一个以经济、政治等话题为中心的环境里生活，在父亲的引导下，他当然也会走向经济学这条路——假如你是从医的人，那么你的儿子也许也会向医学道路迈进。我们可以提出这样的问题，有那么多人都很有名，为什么只有韦斯利·史密斯——其父亲是约翰·史密斯如此有名？难道我们不能遗传其他名人、学者的才干吗？当然，这其中的影响因素是多种多样的，可是大体上和他们的成长环境息息相关。我们可以拿约翰·史密斯来做个假设，假如他一共有三个在生理结构上相同的儿子，可是最大的儿子因为受到父亲的强烈关注，成长过程中多有父亲的引导，从而也变成了一名经济学家；而第二个儿子因为得到父亲的关注不如哥哥多，于是得到了更多母亲的关注，进而把经济学家的梦想也搁置在了一旁，成了另外一种人；而最小的儿子尽管一开始也学经济学，可是因为没有得到父亲的关注和母亲的关爱，进而和家里的仆人关系密切，最终在一些恶性因素的引诱下，成了一个同性恋者。后来，他又和父母的关系走到冰点，天天和无赖地痞混在一起，偷盗、吸毒，最终在极致享乐中死去。就像我们所假设的不同，实际上在一个有多个子女的家庭里，你很难看到子女们拥有相同的性情和天赋。这也刚好对行为心理学家的观点进行了验证，那就是根本不存在人的天赋、才能的遗传问题，每个人在成长过程中，都会被相应的环境和人际关系所影响。

最近，行为心理学家和一些动物心理学家发现，实际上，从胎儿时期开始，习惯的形成就开始了，早在人还是一个胎儿时，环境就已经开始影响人了。人在出生时所存在的结构上的不同，以及出生后形成不同的习惯，都可以用来回应心理特征的遗传问题。

前面，我们列举过同一个家庭出生的在生理结构上相同的孩子，却有不同的表现，用来对天赋的继承无关于遗传进行说明。现在我们再来做另外一个假设，当一个人出生时先天生理具有缺陷，那他有没有可能在某个领域表现非常优秀呢？因为有些人会用这种差异来说明人的天赋是被生理结构所束缚的。假设一个家庭里有两个男孩儿，而他们的父亲是名声斐然的钢琴家，母亲是一名画家。弹钢琴需要手指长、手型好、腕力大，而大儿子刚好具备这一条件，自然大儿子受到父亲的关注度就高一些。而小儿子因为手指不够长，腕力也不足，所以只能更多地得到母亲的关注，以后有可能在画画方面颇有一番造诣。可是我想表达的是，假如这个父亲只有这一个小儿子，他会如何对这个孩子付出呢？他会告诉儿子："你手指不够长，没关系。我会为你专门制作一架钢琴，把琴键弄窄一点，这样就可以方便你弹了，我还会对琴键的形状进行改变，这样你弹琴时就可以少费点力气。"假如情况确实如此，恐怕没有人敢说这个孩子长大以后不会成为另一个杰出的钢琴家，尽管他先天条件有限。因此，小儿子也许会成长为一名画家，也是因为母爱的引导而已，而不是什么天赋所导致的。

2. 人类会受到环境和遗传哪个因素的影响?

我们在对遗传问题进行研究的时候，通常会不在意环境方面的影响因素。有些人在对这个问题进行说明时，更乐意采用社会上已有的“犯罪遗传”现象，人们会这样说，如果小孩子行为不规范，也是因为他们的祖辈或父辈行径龌龊。可是行为心理学家的观点却是，一个孩子即便正在规范的道路上成长，假如被恶劣的环境所浸染，早晚也会学坏。实际上，在良好家庭里生活的孩子变成失足少年的例子比比皆是，这也对人的罪性被诱发和遗传因素的影响无关进行了说明，否则的话，那些祖辈、父辈都表现优良的家庭里，为什么会出现行为不端的少年呢？在对这些问题进行探讨时，我们可以毫不忌讳地把一些事实陈述出来，事实上，极少有人对犯罪倾向这一问题进行过认真探讨。很多父母在外打工的孩子、被领养的孩子，并没有像亲生孩子那样被对待，导致他们在长大成人的过程中，心理上出现了问题。还有一些人因为祖父辈的犯罪而觉得羞愧，一直背负着他人异样的眼光，如果一个心灵一直很落寞的孩子长期受到周围人眼光的影响，难免会让这些孩子慢慢形成自闭、忧伤、极端、好冲动的倾向，而在差不多所有犯罪行为中，这些心理因素都是始作俑者。具备这种心理特点的人的罪恶之火，会因为相应的刺激而炽烈燃烧。可是，这种心理特点并不是从遗传而来，人之所以犯罪，也不是因为遗传所带来的影响。其实在每个人的生命历程中，这样的状态都会出现，只是时间长短不同，一般情况下，当人与周围环境发生剧烈的冲突时，这种心理特点就会出现。可以说，因为缺乏爱，所以导致缺乏归属感，而缺乏归属感，又会让人不在意周边的所有人际关系和事物，最后会选择从正常的生活逃离出去。

其实，对于孩子的教育问题，人们普遍采用的办法也和他们对待其他问题的方法一样，他们不想直面现实，也觉得束手无策。我们会非常自豪于优越，有时候，这种自豪感是不切实际的。对于得体的人物、事物，我们会产生幻想，举例来说，我们会觉得一个绅士必然出生于一个优良的家庭，他的家族世世代代都有这种美好的传统；而当我们看到一个极其恶劣的孩子，我们也许会说："看看他的父亲、他的爷爷。"我们通常会直接给予判断，对于孩子教育上的所有问题，我们都简单地把原因归结在遗传和家世上，这样我们自己在孩子教育方面的失误就可以推脱干净了。

我们之所以用这么长的篇幅来对人的可塑性和遗传的问题进行解释，并不是因为新奇。尽管我们花费了大量的人力、物力和财力，来对婴儿心理学进行研究，但是，如今的社会教育依然被束缚在天赋遗传、心理特征遗传的思想观念上。如果不能完全颠覆这些假设的迷信，我们的教育也就不可能踏上一个新台阶。

一定程度上了解了环境作用的深刻性以后，我可以这么肯定地说：把一打健康的婴儿给我，并让他们在我所安排好的特殊场景里生活，你们可以随便从中选一个孩子，告诉我你想让这个孩子长大成人以后从事什么职业——医生、律师、艺术家、政治家，我可以一一实现你们的想法。在这个过程中，作为婴儿所表现出来的才能倾向、他的祖辈父辈的种族、工种以及社会身份等问题，我都不会考虑在内。可是必须提醒大家注意一点，要由我来决定如何培养这些孩子，以及在什么样的环境下培养。

在这里，我们必须相应地约束一下选择对象和环境。第一，选择对象一定要是健康的，不能患有会对智力发育有影响的遗传病，像腺体疾病、梅毒、淋病等，因为这些疾病会在早期就阻碍孩子的智力和行为发育，会使大脑和身体的联结无法正常运行，以至于这些孩子没办法按照正常的训练步骤走。第二，孩子也必须拥有健全的生理结构，不能有畸形、器官障碍、残疾等症状。尽管生理上的缺陷并不会影响他们在智力上的发展，可是会极大地影响他们的心理，由此所带来的自卑心态也许会让他们和其他人保持不同步成长的节奏。实际上，我们发现，在肤色不同的人中间，特别是在教育黑人和白人时，在学校、家庭相同的环境里，大部分情况下，白人的孩子要比黑人的孩子更优秀。

3. 人的本能确实存在吗？

在上面的章节中，我们已经对天赋、心理特点以及特殊能力的遗传的可能性进行了大力抨击，现在我们就一起来探讨，动物本能的习惯是不是真的在世界上存在？

在对本能是否真的存在这一问题进行探讨时，行为心理学家其实早就给出了答案，那就是本能根本不存在，就像心理特点不会被遗传一样。

最早我们是受到达尔文的影响，才开始认识本能。达尔文的生物理论声称，动物的本能是一种与生俱来的生物力量，动物会因为它的作用，而遵循相应的活动方式，也正是因为它，当动物受到外界刺激时，会呈现出一种可以预知的、比较固定的行为反应模式。威廉·詹姆斯还非常慎重地选择了一些在他看来非常典型的本能行为：爬行、模仿、竞赛、好斗、生气、怜悯、搜寻、害怕、占有、向往、偷盗、建造、游戏、好奇、社交、羞赧、惭愧、爱、嫉妒、父爱和母爱。在詹姆斯看来，这些是只有人才会拥有的本能行为，在任何其他动物身上都是找不到的。而行为心理学家却对此有不同的看法，对于人类有复杂的非习得行为的观点，他们也不苟同。

可是，我们已经对本能这个词产生了模糊的认知，因为过去我们看到过太多这方面的信息。在过去的 3 年里，有 100 多篇文章都对本能的问题进行过探讨。可惜的是，这些文章的作者在描述本能时，都是以文本和思考为基础的，对于动物和婴儿早期的生活状态，他们从来没有亲自观察过。尽管行为心理学家在认识本能时，观察也不足，可是我们可以间接证明，事实上，在心理学的研究上，根本用不着本能这个术语。下面，我们来进行一次机械旅行。

4. 一个飞镖的“本能”

我手里现在拿着一根木棍，我会将它直直地扔向眼前的开阔场地，木棍在空中飞了一会儿以后，就会坠落在地。可是我想让它换一种运动方式，于是我用锅对它进行烹煮，再进行加热塑形，让它形成相应的弧度。我再次将它扔向开阔场地，它的运动方式和刚刚不一样了，飞了一段距离以后又折了回来，重新掉落在地。为了让它达到更大的折返幅度，我使它变得更弯，变成一个凸形，我把它叫作“飞镖”。我第三次把它扔出去，它又改换了一种运动方式，它会朝前飞，也会改变方向，而且还能再飞回来。依然是那根木棍，材料性质还是和以前一样，只是改变了它的形状，从而改变了它的运动方式。木棍在遭到投掷刺激以后进行回旋运动，可是因此界定木棍就具有了回到投掷者身边的本能是不可取的。那它为什么会这样运动呢？那是因为一开始，我们对它进行打造的，就是本着这个目的，只要制作方法、投掷方式都没有问题，那么所有的飞镖都会进行这样的运动，回到投掷者身边。同样的道理，我们再举一个大家司空见惯的例子，我们很多人都玩过骰子。实际上，对骰子的运动方式非常熟悉的人，只要采用某种特定的方式加以旋转，总会让有6点的那一面向上。这都是缘于它的结构，只要采用这种方式旋转，就一定可以让这一面朝上。要么把一个玩具兵放在橡皮泥基座里，不管你如何扔，它都会直挺挺地站着，这是因为橡皮泥基座几乎承载了整个物体的重心，而不是由于它有垂直站立的本能。

不管是飞镖、骰子，还是玩具兵，要想展现出自己的运动特点，就必须被扔出去，它们的运动方式取决于它们的结构和投掷的环境。人的生理结构的特点是一样的，当他们都处于某一个特定的场景中，他们就会一定程度上在情感、意志、思维方面表现出很多相同之处。要提醒大家注意的一点是，尽管两个飞镖被以同样的方式和力度投掷出去，也都会做出回旋运动，可是它们的运动路线不可能全然一致。人也是一样，哪怕在大环境中生活的我们，被各种刺激因素所影响，拥有了爱、羞赧、表达、竞赛、怜悯等行为方式，也不会出现两个人以完全一样的方式表现出这些行为的情况。

当然，如果一个人从小生活在野兽群中，那么，那些声称人拥有人类特有的本能的学者就会意识到，那个人因为从出生开始就脱离了各种刺激，所以不具备很多正常人所具备的“本能”。被我们叫作“本能”的东西，其实是受到环境的刺激所形成的习得反应。

飞镖并不是在本能的驱使下才会做出回旋运动，就好像加热木棍，对其进行塑形，木头的实质还是没变一样。同样的道理，如果一个人没有被大文化环境所刺激，那么他就会展现出和那些接受过良好熏陶的人完全不一样的行为方式，因为在学习的作用下，他的生理结构发生了改变。也许有些人会提出反对意见：“你这样论证，不正好对你的谬误进行了验证吗？你声称一个人在接受教育以后，生理结构会发生改变，那在此之前，他们的结构基本上是一样的，那么我要说的‘本能’就是他们所展现出来的对应的行为。”对此，我给出的答复是，假如有条件，我们可以一起到育儿室去，在观察这些婴幼儿的过程中，你们会发现他们在还没有出生前，就已经有了不一样的行为特点，在母胎里就已经表现出这种不同，那时，你们就会对詹姆斯的本能说表示质疑。

5. 舍弃意识的心理学

“意识”原本是指精神活动，“意”的意思是本我，“识”的意思是了解、认识。意识象征着个体是独立的，它存在于主观中，象征着人可以对自己的存在、发生的事情、对比和自己的存在不同的事物有所认知。意识的概念再简单不过了，那就是一种可以对事物的存在有所认知的事物。有时候，精神可以用来取代意识，人类大脑的所有活动和结果就是它，也就是说，它具有本能性的思维。人脑与客观世界所存在的冲突就是意识，其拥有自发性这一规律，它可以从主观层面对人类的自我自由的实现进行认知并加以指引。意识是和人类一起出现的，人类发明创造的根本就是它，实践的结果也是它，并在生命遗传的作用下，让后代也具有。前辈人类的实践结果会通过遗传带给新生儿，意识形成的根本就是新生儿与生俱来的感知能力。所有生物都具有感知能力，其中，汲取营养的能力是最关键的感知能力，像吃就是天生的一种能力，从胎儿时期开始，人就已经具备吸吮的能力。

意识来源于生物进化，一开始是简单的有机生化进程，到最后复杂的大脑生化过程，最终，在生命的不断进化下，这个过程从本能的自然行为发展到主动的人类行为。而思想产生的基础是意识，我们的记忆在感知能力的大力协助下，再结合分析，就产生了思想。动物和人一样，也有思想，只是它们的思想是自然而然出现的，没有主观能动性，而人的思想是带有主动性的，是多姿多彩的。在人的实践中，意识包括记忆、思想、情绪、念头、观念等多种形式。思想的形成过程是这样的，先是表象的直接显示，然后到一定现象的集合想法，最后通过逻辑形成理念，再通过思考就形成了思想。

直到现在为止，意识还是一个不太清晰的、不够完整的概念，通常情况下，人们觉得意识是人认识自己本身和环境的能力和认识的清晰程度。专家们依然不能准确地定义它，约翰·希尔勒用更容易理解的方式对意识进行了这样的说明："从安稳的睡眠中醒来以后，除非重新进入入睡状态或无意识状态，要不然一直出现在白天的，知觉、感觉或察觉的状态。"目前，感觉是意识概念中进行科学研究最没有难度的部分，像某人有什么感觉、某人感觉到了自我。"感觉"有时已经和"意识"的含义一样，甚至可以互换。现阶段，我们在意识本质的问题上还存在很多疑惑。当前在对意识本质进行研究时，有这样两个方面的难题：一是自然主义认识模式没办法完全等效地模拟大脑结构和社会语境；二是对应的哲学命题和范畴不足。比如，多个学科都开始对自我意识方面的意识的概念进行研究。意识问题关系到多个学科，像认知科学、神经科学、心理学、计算机科学、社会学、哲学等，这些领域在对意识进行研究时，是从不同层面进行的，也极大地帮助了澄清意识问题。

人脑对大脑内外表象的发现就是意识。意识脑区从生理学的角度来说，就是指可以得到其他各脑区信息的脑区。意识脑区最关键的一个作用就是对信息加以分辨，展开来说就是，意识脑区可以对自己脑区中的表象加以辨别，究竟是从外部感官而来，还是从想象或回忆中来。这种对信息进行辨别的能力，只有这一脑区具有。进入睡眠状态的人的意识脑区的兴奋度最低，这时没办法对脑中信息的真假进行辨别，于是，大脑采取了相信所有的方式，这种意识脑区不起作用的情况就形成了“梦境”。意识脑区是不具备自己的记忆的，它保存信息的地方被叫作“暂存区”，就像计算机的内存一样，只能把发现的消息短时间保存起来。意识时时刻刻都处于动态，当你尝试着停止脑中的意象时，你会发现这根本就是徒劳的。专家经过研究发现，事实上，意识脑区是不具备思维能力的，只在潜意识的各脑区中才有真正的思维，而我们所感知到的思维，是意识脑区把潜意识的思维表现出来而已。

思维主体处理过信息后，就会留下意识，思维主体和思维活动不存在，意识也就无从谈起。思维主体是可以操作（像搜集、传递、保存、提取、删除、比较、挑选、鉴别、排列、分类、变相、转形、整合、表达等作业）信息的物质，思维主体包括自然进化所形成的动物（像人类）和愈发完美的人工智能产品。可以被思维主体辨别的事物现象和表象就是信息，思维活动可操控的对象也是信息。来源于思维活动的意识，通过信息的形式保存、表现和传输，意识传播的本质就是信息传播。思维主体开展下一步思维的基本通常又是意识。

要想产生意识，必须具有能量，而介质（物质）是意识存在和传播的条件，总的来说，意识的存在必须以物质为基础。意识所表现出来的内涵，通常不同于其物质载体本身的现象。抛开载体的因素不说，意识的内涵的存在并不会占据空间，而物质的存在是要占据空间的，意识和物质的本质区别也就在于这里。

因为思维主体在得到信息，以及对信息进行处理时，信息也许会出现各种变化，所以，意识的内容不一定是对客观事物的切实反映。意识在对客观事物进行反映时，也许会有所逾越，也许会扭曲。

通常情况下，人们会觉得，意识是人脑从主观层面间接和总括性地反映客观事物。可是，“反映”一词太不具备主动性了，不能把意识主体的地位和主动性表现出来，就更别提开创性了。更准确地来说：意识是人脑接收到刺激时所给出的反应。

钢板会因为锤子的敲击而变形。钢板变形所产生的力，除了以弹性的方式通过反作用力在锤子上发生作用以外，还因为挠性而作用于钢板本身，使之发生恒久性变形。钢板对敲击的反应就包括这样两种，对外（锤子）和对本身。

意识也是人脑受到刺激以后，所产生的反应。意识的结果不但在人体器官的作用下，对外界产生影响，而且也通过对人脑本身的结构进行改变而形成记忆。

人脑的结构要比无机质的钢板复杂不知多少倍。人脑包括 140 多亿个脑细胞，每个脑神经细胞又有很多神经树突，并通过神经突触和其他脑神经关联到一起。这些神经连接错综复杂，构成一个极其庞大的神经网络。而意识这种反应的对外形式和对内改变的繁杂性就取决于人脑的这种结构。

和一般动物细胞的结构相比，神经细胞的结构其实也差不多，截止到现在，人们还没有从脑细胞中找到思维和记忆组织。当感官受到刺激时，这些转化为电或化学信号的刺激，会在神经纤维的传导下，到达大脑，再经由相连的神经网络通道在大脑中进行传导，直到有效地对外界刺激进行反应。传导的过程也就是意识的过程。

地球中，甚至于整个宇宙中，最为复杂的系统就是人脑。最有利于自身、最有效应对外界变化的神经连接在人的进化过程中，没有被淘汰出去，被基因固定在了人类世世代代的遗传中。婴儿从一诞生在这个世界，就已经有了非常完善的脑神经网络，几乎无异于成人，尤其是与其父母的神经结构有相同的地方，为什么说有的人把父母某些特殊能力继承过来了，原因就在这里。可是相较于成人，婴儿的神经网络连接的粗细程度大体上是一样的，除了吸吮反射神经和控制心跳、呼吸等植物神经通道没有任何阻碍以外，因此婴儿大脑中的神经信号传导通常是整体性的，也是无效的。比如，婴儿的眼睛和成人是一样的，可是独自看东西时却几乎不能形成有效意识，这是因为神经网络中还没有形成和颜色、形状、运动有关的路径。只有接受过教育以后，才能在条件反射中对相关神经连接进行加强，促进大脑生长。

心理学的基调在冯特的影响下，从原来的灵魂转变成了意识，而且在如今的行为心理学以外的心理学领域，这种影响力依然存在。像这样把意识当作基调的心理学，创造了很多不仅没有证据而且又不能获得公正性的假设，就像曾经的灵魂概念一样。行为心理学家认为，假如站在形而上的角度去对待，意识和灵魂的本质并没有什么区别。

也许我们都知道“意识”象征着什么。当我们有了某种知觉或思想时，或者我们打算做某件事时，或者当我们准备、渴望做某件事时，我们是有意识的。没错，其他内省心理学论者在理解意识时，也像我们对意识给出的各种前提一样，一样和逻辑不符。其实，他们在众多的文献、论述中并没有把意识的概念清晰地阐述出来，而是在论述的过程中借助假设，把意识赋予某些事物身上，因此当他们对意识进行研究时，觉察到之前被赋予了意识的事物时，就会觉得这是再正常不过的。既然我们发现了意识，那么，我们要对它采取何种态度呢？既然意识不是和一种化合物性质的物质很像，而只有借助“内省”才能对它展开研究——它在我们内部存在。在这样的假设前提下，在一些非常具有代表性的心理学家所进行的众多分析中，我发现并不存在一个渠道，可以真正从实际意义上把心理问题解决掉，而且可以使得研究方法规范化。

6. “智力测验”真的很神奇吗？

中世纪以后，智力测试风起云涌，特别是在美国，心理学家都变成了测试狂。可是这些所谓的测试热度通常持续不了几天，就会出现一个新的测试，把它替换掉，并对它予以纠正。这么多年以来，一些测试变得越来越规范，越来越走向世界。如今，我们经常会见到这样的：

第一级智力检测；

幼儿园检测；

个人意志发展检测；

智力检测：法语、拉丁语、视唱、算术和分类检测；

智能的自我管理检测；

机械能力检测；

智能的团队检测；

雇佣检测；

职业指导检测；

拼图和阅读检测；

打字和速记检测。

其中，编制测试题的机构，每次都要动用非常多的人力，这一点，我们深表佩服。测试题作为一种测试工具，一开始被编制时，就是为了从众多不同的个体表现中，找到一个可以对众人的能力表现进行分类的测量标准。可是，测试在发展过程中，已经约定俗成了一些幻想，而且人们也普遍表示认可。那是为了区分开来一般智力层次和特殊智力层次，还有把所谓“先天”能力从后天习得的能力中区别开来的测试。站在行为心理学家的立场，这些测试只是区分出不同的表现水平，至于区分智力层次、区分先天和后天能力，则属于无稽之谈。

7. “记忆”在行为心理学中并不存在

行为心理学家对“记忆”是持什么样的观点呢？行为心理学家认为记忆是不存在于客观的心理学中的。当然，我们也是找出了事实依据的。依然用小白鼠实验来举例吧，现在我们面前就有一份有关小白鼠学习走迷宫的实验记录。当一只小白鼠首次尝试着从迷宫走出去时，即学习走迷宫时，它整整花了40分钟的时间才从迷宫中走出去得到了食物。在这个过程中，它把所有的错误几乎都犯了一遍，它无数次跑到没有出口的地方，然后又无数次折返。而它的第七次实验只用了4分钟就完成了，而且，所犯的错误也很少，只有8次。不难看出，小白鼠已经越来越少犯错了。在第二十次实验中，它只用了2分钟就得到了食物，而且只犯了6次错误。到了第三十次实验时，它只用了10秒钟就得到了食物，而且一次错误都没有犯。在第三十五次实验中，包括之后所进行的每次实验，直到第一百五十次，它都只用了6秒钟就顺利得到了食物，犯错率为零。而自第三十五次实验开始，它就像一架运行平稳的机器，而且也没有继续提升自己的水平，顺利跑完了迷宫。即，从第三十五次开始，它的速度就到了一个顶峰值了，代表着它已经完成了学习。

那么，我们现在想问的是，一段时间以后，它还会对迷宫有“记忆”吗？我们不想随便给出这个问题的答案，依然想用事实来证明。半年以后，我们重新进行了实验。这一次，在它跑迷宫时，我们放了一些东西在其中。开始实验以后，小白鼠从开始跑到后来顺利得到食物，中间只花掉了 2 分钟的时间，而且也没有犯太多次错误，只有 6 次。于是，我们可以得出，小白鼠保留了大部分跑迷宫的习惯。尽管有一部分习惯没有被保留下来，可是，它在半年的空窗期以后再次学习的记录，竟然和之前第二十次尝试的记录完全一致。

再把有关罗猴学习打开复杂的问题箱的记录给大家演示一下。从记录中我们可以发现，罗猴第一次用 20 分钟的时间才打开了问题箱。20 天以后，我们又让它尝试第二十次，这一次，它只用了 2 分钟就把箱子打开了。从此以后，我们没有让它继续学习。半年以后，我们又重新对它进行了实验。最后的结果是，它只用了 4 分钟就把箱子打开了，尽管动作上稍显笨拙。

在动物身上开展了多次实验后，我们发现了它们在保留习惯上的特点。那人类是什么样的呢？人类儿童是不是也是如此呢？对此，我们进行了这样一个实验：一个 1 岁的孩子爬到父亲身边，把父亲的腿抓在手里，还发出快乐的声音。当屋里有很多人时，孩子径直往父亲身边爬去。现在，我们让他 2 个月见不到父亲，让他出去和其他人待在一起。2 个月后，我们让他和他的父亲再次见面，这时，他并没有朝父亲爬去，而是朝这 2 个月内照顾他的那些人爬去。于是，我们发现，孩子已经失去了对父亲积极反应的习惯。

我们让一个 3 岁大的男孩儿练习骑三轮脚踏车和踏板车，直到他可以自如操作。同样，也是间隔半年以后，我们再次对他进行测试。结果，他已经不像从前那么熟练了，尽管他依然会骑，可是动作却明显不够熟练，水平下降了不少。

再举一个 20 岁青年的例子，我们让他学习打高尔夫球。要求他不仅要熟练掌握这门技艺，而且还要慢慢提升进球的水平。在两年的实验过程中，他每周有两次练习机会，在 18 洞的球场中，他的分数下降成了 80，偶尔还出现了 78 分的成绩。2 年后，我们不再让他有机会练习。之后，在他有两年没有机会练习高尔夫球以后，第三年，我们重新对他进行测试。他在第一轮原本可以得到 95 分，可是 2 个星期以后，他的水平下降了，再次降到 80 分。

从以上的事实中，我们不难发现，当我们学习了一项动作以后，假如中途放弃了，或者有一段练习的空白期，那么就会丢掉一部分习惯产生的效率。如果有很长一段时间放弃了使用，那么就有可能把有些习惯彻底丢掉。当然，我们也不能一概而论，断定所有的个体会失去一样多的特定习惯的总量，事实上，不同的个体结果是会不一样的。而同一个个体在丢失不同种类的习惯时，也会出现差别。

可是，我们还是非常惊讶于这一点，那就是在比较长的一段时间内，尽管人们没有使用一些动作习惯，可是大部分人却依然保持着，像游泳、滑冰、跳舞、射击、打高尔夫等。因此，假如一个不擅长射击和打高尔夫球的人告诉你，5 年前他是个极其优秀的运动员，为什么现在水平这么差，只是因为这期间很少练习，你千万不要信以为真，因为他从一开始就是在说谎。个体在没有练习期间失去了多少量，其实是可以被测量出来的。即，我们有一个个体学习的成绩，可以用这个成绩对比个体再次学习的成绩，这样就可以准确测量出个体在疏于练习期间失去了多少量。

现在，让我们调转目光，重新开始对心理学上的“记忆”问题进行探讨。如果一个人是行为心理学家，他不可能说：“在疏于练习的几年里，詹姆斯还记得怎么骑自行车吗？”而是会说：“詹姆斯这几年都没有再骑过自行车，也不知道他现在是怎么骑的?”他会针对这个问题，进行下面的实验：让詹姆斯骑着一辆自行车绕行六个街区，记录他一共用了多长时间，失败了多少次，之后把实验结果告诉詹姆斯：“现在你骑自行车的水平和你5年前相比，下降了25%。”事实上，我是想告诉大家，为了得到个体保持和丢失掉的数量，行为心理学家又让个体置于之前的场景中，看看一段训练空白期过后，个体的技能究竟出现了什么变化?假如詹姆斯骑车的技术远远不如第一天得到自行车的技术，行为心理学家就会说，他已经失去了骑自行车的习惯。

我们还需要了解一点，那就是人类需要以其机体的每一种形式作为基础。实验告诉我们，不管是人还是动物，都可以很好地把简单反射保留下来。

所以，一些被心理学家叫作“记忆”的东西，行为心理学家用个体在疏于练习期间，他的技能保持情况和失去情况取代了，并以此为依据，来对一个特定习惯的保持力进行探讨。可是，有关记忆的阐述还有待继续，我们接下来还会探讨。

8. 行为心理学家对于“意义”是如何解释的?

对行为心理学家持有异议的人认为，行为心理学家并没有合理地对意义进行解释。在这里，我想阐述一下我自己的观点。这些前提是对理论进行评价的根本，而行为心理学家的前提不包括阐述意义。我认为从科学的层面来说，“意义”是不具备意义的，它借用于哲学和内省心理学，因此还是让它从哪来的，回到哪去比较好。

假如行为心理学家为了替自己进行申辩，必须解释某种意义的话，那么，我也只能再举个例子给大家，这个例子中的“主人公”是“火”。

（1）我3岁时曾被火烧伤，从那以后，我看到火就不由自主地害怕。可是后来，在家人的鼓励和支持下，一个无条件作用的过程克服了这一负面反应。于是产生了新的条件作用。

（2）当我长时间待在寒冷的野外以后，回家以后的我，就会慢慢朝火炉靠近。

（3）我第一次出去狩猎时，自己尝试着用火烤食物。

（4）我知道了如何用火融化铅，还会把铁条烧红以后制成我想要的东西。

我在自己的成长经历中，用100种方式形成了对火的条件反射。也就是说，当有火时，我可以把这100件事情中的任意一件拿出来做，可是，不是在同一时间把几件事情同时完成——一段时间内，我只能完成一件事情。当我觉得肚子咕咕叫时，我就开始生火烤食物。在另一种场景下，比如说野营后，我取来水烧灭火。又一个场景中，我边向大街跑去，边喊：“救火！”同时赶紧跑去给消防队打电话，请求支援。此外，当森林中燃起大火时，身在其中的我会马上跳进湖里。当气温骤降时，我会朝火炉走去，以温暖自己的身体。此外，一些有关谋杀的小说和影视剧中的片段出现在我的脑海里，受其影响，我把一根正在燃烧的木棒捡起来，把一把火丢向村庄。“意识只是反应形式的一种，也就是个体对某个物体产生反应的一种形式。不管在什么情况下，当个体对物体产生反应时，只能用这所有方式中的一种进行反应。假如对于这一结论，你没有异议的话，那么，我觉得就不需要再讨论什么意义了。”

当我在实践范围对我的实例加以选择时，在言语范畴内，也在进行相同的过程。也就是说，当我们了解了个体行为的所有形式的源头以后，了解了他的组织的各种变化以后，那么，我们就可以对引发他的各种组织形式的各种场景进行设置和操控了。所以，我们也就可以丢掉“意义”这个术语了，而它就是一种方式，一种告诉个体他所做的事情的方式。是的，行为心理学家没有对“意义”做出任何说明，可是通过那样的例子，我们可以让你们知道“意义”的概念是什么。而实际上，行为心理学家是不需要这个单词的，对于他们来说是没有价值可言的。

第八章

情绪心理：人类天生的情绪反应

我们天生拥有哪些情绪？我们的新情绪是如何形成的？我们之前的情绪又是如何丢失的？在传统心理学看来，人类的所有情绪的出处都是人的本能，可是行为心理学家通过观察却发现，人类大部分的情绪都是后天习得的，除了少数生理上的反应是从非习得资质而来。因为传统心理学的理念和行为心理学家的观察结果南辕北辙，所以，现在，我们必须认真思考一下，如何才能把情绪的概念更好地表达出来。通过之前的学术经验，我们知道，我们的研究课题必须关系到人的情绪，其研究价值才会比“本能”要高。

19 世纪初，弗洛伊德派和后弗洛伊德派所发表的著述数量，差不多比其他学派著述的合计总量还要多，可是在这众多的文献资料中，行为心理学家却找不到一丁点可以对其中心进行代表的理论观点。为了填补这个空白，10 年前，行为心理学家也开始研究心理学了。就在他们的研究快要取得累累硕果时，他们却偶然间发现，情绪问题原本不用那么复杂，而且只需要通过各种客观的实验方法，就可以对情绪所带来的问题进行解释说明。当时，几乎所有学者都支持詹姆斯的情绪理论，可是这些并没有对心理学家革新局面产生任何影响。

1. 詹姆斯误区理论——情绪内省

19 世纪末期，“情绪内省”的理论在詹姆斯所发表的一篇学术文章中被首次提及。他认为人的真实情绪通过实验描述出来是不可能的，也不能对其真实性和合理性进行验证，最准确的结论只能通过人主观上对情绪所产生的感受才能得出来。如今看来，他的结论好像不太全面，可是在 19 世纪，在人们的认知水平都还不高的情况下，差不多所有心理学家都认可了他这一观点，这使得情绪心理学开始误入歧途。在很长一段时间内，因为受到詹姆斯的影响，人们不再继续研究情绪本源问题，而在詹姆斯理论时代到来以前，在人类的历史中，一直绵延着情绪的研究，很多哲学家和生理学家很早就对情绪做过很多实验。而兰格、达尔文和门特加扎是真正把情绪带到科学实验范畴内的人，尽管他们还没有建立一套完善的情绪理论体系，可是却和最正确的道路是离得最近的。达尔文曾经这样描述过恐惧情绪实验：

“被吓呆了的人双腿不停地打战，像个木头人一样纹丝不动，他们压抑着呼吸，而且身体蜷缩在一起，生怕别人发现了他们。他们心跳越来越快，每一次心跳好像都要把他们的体力和耐性消磨光。这时，他们已经无法像从前那样进入到高效的工作状态，甚至无法让身体的各个部位都正常接收到血液。在很短的时间内，他们的皮肤就变得毫无血色，这种表皮的苍白很可能都是因为，或者大部分是因为，血液流动中枢被像皮肤小动脉收缩之类的生理运动所影响了。此外，当一个人非常害怕时，皮肤也会受到显著影响，具体会表现为，皮肤中快速涌出汗水。这种汗水的流出非常明显，之后皮肤表面温度下降，最后成为一身冷汗。而当汗腺处于正常兴奋状态时，皮肤表面会连续发热，温度不会下降。

“感受到恐惧的人皮上毛发也竖得老高，表层肌肉忍不住抖动。这时，心脏受到影响，呼吸加快就是最直接的表现。因为唾液腺的问题，人会急切地想要喝水，嘴巴不停地张合着。如果害怕程度不高，有急切的张口趋势，身体的每一部分肌肉都在抖动就是最明显的症状之一。这首先在嘴唇上表现出来，受制于嘴部肌肉颤抖和口干舌燥，声音变得沙哑或和以往的声调不一样，甚至完全说不出话来。当害怕达到一个顶峰值时，我们发现在这些严重的情绪下，会出现很多怪异的场景，像心跳加速，或者几乎不跳了；然后就是头晕、面无血色、呼吸乏力、鼻孔张得大大的、嘴唇抽搐、脸部肌肉抖个不停、喉咙处不停地做出吞咽的动作；眼睛瞪得老圆、眼球突出、一直看着让他害怕的目标，或者眼珠转个不停，瞳孔放大；身体的所有肌肉都很有可能变得僵硬或者抖个不停，手不停地做着握拳和松开的动作，还经常抖动；手臂做着排斥的动作，像是要把眼前让他害怕的东西隔绝出去。在一个非常害怕的澳大利亚人身上，哈根诺尔先生还发现了另一种非常古怪的举动，那就是一种没有征兆的、轻率的逃跑倾向。这种忽然发生的情绪极其强烈，即便最勇猛的士兵也会觉得束手无策。”

我们再把兰格一段和“悲伤”有关的描述引用过来：

“难过的人走路很慢，一开始是无法掌握平衡的，他们迈着沉重的步子，双手耷拉着，面无表情。咽喉部肌肉和呼吸肌群开始深受影响，所以他们的声音变得非常小，一点感染力都没有。他们也许一直坐着，或者一直站着，陷入自己昏暗的小天地里。肌肉的正常张力和潜在的支配神经都没有以前那么有力了，最直接的表现就是：颈部弯曲、头埋得低低的、腮部和颌部肌肉松垮垮的，拉长了他们的脸，也让他们的脸看上去没有生气。眼睛虽然变大了，可是却毫无神采，前者是因为眼部阔约肌不再发挥作用了，后者是因为垂下的上眼皮盖住了部分眼珠，位于上眼皮的提肌失去了张力……可是，所有自主运动器官都变得绵软无力，并不是难过情绪的所有方面，还有隐藏的另一面。这个方面也非常重要，几乎可以和自主运动器官的变化画等号，即非自主运动器官的肌肉。这些肌肉极难被发现，比如说那些位于血管的内壁上的肌肉，通过收缩来让血管的直径减小就是它们的功能所在。这些肌肉和它们的神经共同组成了血管运动器官，在难过的状态下，这些非自主运动器官的表现和自主运动器官的表现刚好是反过来的。血管肌肉等非自主运动器官和自主运动器官不一样，不会变得绵软、松弛，而是收缩得更加强烈，使得身体的组织和器官都处于缺血的状态。如此一来，就会使得人体面无血色、身体抖动不停，失去血色的面庞、变形的面部特点和面部的松弛一起组成了难过者独有的面貌。而皮肤缺血很快又会带来另一个常见的结果，那就是身体畏寒，而且全身发抖。全身发冷、很难暖和起来，就是难过必然会出现的症状。陷在难过的情绪中无法自拔的人们，其内部器官和皮肤一样，也处于缺血状态。尽管我们不能亲眼见证，可是这一点却得到了很多表象的证明，像人体各种分泌液水平的下降，我们是可以发现的：嘴发干、舌头粘而重，嘴里发苦等，这都是因为舌头干燥所带来的。如果哺乳期妇女被难过的情绪所包围，就会造成奶水减少，甚至完全没有。此外，还有一种非常特殊的例子，那就是因为太伤心而哭泣不止。哭泣会出现很多泪水，眼睛红肿，还会增加鼻黏膜的分泌量。从这里可以看出，带有哭泣的难过和单纯的难过是有很大区别的。”

在华生的行为心理学还没有问世之前，兰格就已经开始他的理论研究了，所以我们认为他的理论是可信的。最起码，这个结论是通过实践得来的，而且精准地、客观地描述了构成“难过”情绪的不同反应。再怎么说，实践才是检验真理的唯一标准。

接下来，我们把门特加扎所描述的人心怀“恨意”的表情特点的语句引用过来：

“他们的头和脖子都缩向后面，身体也急剧退后；手自然伸向前面，像是要把所有痛恨的对象都阻挡在外；他们眼睛眯着或是闭得紧紧的，上唇抬起，鼻子收得紧紧地，表现出一副最简单的躲避的样子；接下来，他们会做出恐吓的动作，像皱眉、眼睛瞪得大大的、咬牙切齿、上气不接下气、嘶吼狂叫、口齿不清、声音发抖、口吐唾沫；最后的行为会带有血管运动出现的症状，像全身抖个不停、嘴唇、面部肌肉、四肢和躯干等部分抽筋或出现咬手或指甲等自残行为，而且还会时不时冷笑，脸色变幻不定，忽红忽白，鼻孔张得大大的，一副气极了的样子。”

从这些对情绪反应进行描述的语句中，读者可以全方位了解一个人的面部表情和生理特点。可是，必须要说明一点，我把这些作者的描述引用过来，并不是想间接地证明我和他们的观点是不谋而合的。我之所以这样做，只是想对一个事实进行阐述，那就是他们曾经非常客观地对有以上情绪状态表现的人群进行过观察，并非常仔细地阐述过，可见他们的观察态度还是不错的。

相比这些人更接近事实的客观观察结果，詹姆斯的理论就完全与之背道而驰了，他曾经说：“描述情绪的文字因为这些描述出来的结果而变成心理学中最为枯燥乏味的一部分。它不但复杂，而且给人的感觉是，从很大程度上来说，它细分出来的部分都不是真实的，或者是无关紧要的。它那自以为准确的样子就是在说谎。”毫无疑问，这句话对实验、客观的作用都予以了否认，也和实践出真知的根本理论是反其道而行之的。

事实上，詹姆斯一直想找到一个可以把所有情绪都套进去的公式，这和中国古代道家用阴阳来对万物进行区分很像，有形而上学的成分在里面。詹姆斯对主观的理论太关注了，在一定程度上妨碍了情绪心理学往科学的方向发展，可是他“自省”的研究方法和情绪公式却给后世带来了积极的意义，有助于情绪心理学的继续研究。

2. 用公式来计算情绪行得通吗?

为了对自己的理论加以验证，詹姆斯创造了一个放之四海而皆准的情绪公式，其中心就是“内省意识”。和达尔文、兰格及门特加扎的理论相比，詹姆斯的理论刚好是反过来的。在他看来，“当身体感知到现存事物时，身体的变化就随之出现了，当它们发生时，人们感受到的这一变化就是情绪。假如我们假设一种激烈的情绪，之后尝试着从身体的所有感知中提取出来，结果什么也没有。情绪不可能源于任何一种心理原料，只剩下一种镇静的、中性的状态。”即，詹姆斯认为身体的变化源于产生了知觉，而只有本人才能感受到知觉，其他人不可能僭越。

如果以詹姆斯的观点为依据，实验者在对情绪状态进行研究时，最好的方式就是一动不动地站着，直到一种情绪产生，然后内省意识开始发挥作用。最后，人的内省意识也许会发现下面一组反应：心跳变慢的感觉出现，然后是口干舌燥的感觉，之后觉得腿发软等。这组“感觉”是害怕在情绪上的反应，所以，詹姆斯觉得人时时刻刻的情绪反应，都必须从他自己的内省中去发现，而且没有任何一种实验方法，可以对被观察者的情绪状态进行证明。当然，验证观察结果就更加荒谬了。简单来说，就是不可能科学而客观地研究人的情绪反应。

在当时看上去，詹姆斯的理论是完美的，实际上非常不全面，詹姆斯和他的支持者们从来没有想过，完整又科学地对情绪反应的起源问题进行研究。在他看来，这些情绪反应完全源于祖先的传承，所有人都是如此。可是如今，我们却发现，这个理论存在很大的漏洞，因为没有任何两个人的情绪反应是相同的。比如说，有的人看到一只老鼠会害怕、会心悸，而老鼠饲养员或鼠类爱好者哪怕看到再多的老鼠，也不会有任何害怕的情绪。再比如，在危急关头，我们大部分人都会两腿不停地打战，会一脸惊慌，可是经过训练的特种兵却可以表现得非常淡定，好像情绪并没有对他们产生多大的影响。通过这些事例，我们知道了，要想科学地解释情绪，通过纯粹的“自省”或者套用公式都是不可能实现的。因此我们说，心理学因为詹姆斯的理论而丢失了最正确、最有意思的研究部分。情绪研究因为他简单的表述而走上了歧途，愈发远离科学性和系统性。

3. 两位心理学家的情绪分类

为了对“内省”所感知到的身体变化进行分析，詹姆斯把情绪简单地分为痛苦、害怕、生气和爱这四类。他又依照道德感、理智感和美感，对这四种主情绪进行了情绪细分，将每一种主情绪又细分为几十甚至上百个分情绪，还把情绪表绘制出来了。因为分情绪的数量实在是太多了，这里就不一一列举了。

英国心理学家麦独孤察觉到了情绪和本能之间的关系，于是也进行了一个情绪上的分类，只是他的方式和詹姆斯完全不一样。他认为人的每一个情绪都极易将一种本能引发出来，比如人在觉得害怕时，就会不自然地想要逃跑，讨厌某个人时就会想避而远之，对某个人表示顺从时就会出现自卑的本能，洋洋自得的时候就会产生自主的本能，温柔常和父爱、母爱的本能联系在一起，生气则会把进攻的本能激发出来。此外，还存在一些很难在个性中进行区分的情绪倾向。麦独孤没有再细分情绪或本能，因此，我们就先说到这，不接着考虑下去了。此外，我们也不需要动用大量的心力去对流行心理学教科书的一系列情绪分类进行研究，因为它们实在没太大意义，基本上都属于主观臆断，想用客观的实验方法来对它们进行验证是根本不可能实现的。即，所有有关情绪的分类基本上都没有经过实践的检验，直到行为心理学出现。

4. 情绪研究的科学引领者——行为心理学家

20 世纪初期，行为心理学问世了，由此詹姆斯的“内省”情绪理论被完全打破了。行为心理学家重新开辟了一条途径，换了一个视角，对情绪问题进行重新研究。他们有个习惯非常好，那就是对于前辈们传承下来的资料，他们是将信将疑的，对于上代的至理名言不是完全相信的。他们在开始研究前，会舍弃前辈们提出的不正确的理论，重新开始自己的研究。不久以后，他们就发现詹姆斯的理论太过于狭隘了，具有很大的局限性，并把已经被大部分人丢弃的实验方法再捡起来加以运用，将达尔文、兰格和门特加扎等学者未走完的情绪研究之路继续走下去。

行为心理学家通过观察成年人，最后得出这样一个结论，那就是如果一个人拥有成熟的个性（男人也好，女人也好），那么在一般情绪状态下，他的反应就是很普遍的，没有夸张的感觉。可是也有特殊的情况，在对周围环境的认知方面，每个人都会有不同的表现，也会出现不太一样的情绪反应，有的甚至会和我们正常的思维逻辑相差很远。下面我们来举例：

在南部的一些原始人部落，通常情况下，常年居住在那里的人在太阳下山以后就会长跪在地，向黑夜祈祷，而且全身不停地抖动着，哭喊着请求上帝宽恕他们曾经犯下的罪孽。这些原始居民有自己的禁忌，晚上，他们不会从墓地经过；对于曾经被闪电击中的树木，他们也不会拿去焚烧。到了晚上，这些村落里的所有人都会在住宅的外面聚集，因为在他们的思想里，来自夜空的魔鬼会让自己承受苦难，因此到了晚上，他们要在外面聚集，以免魔鬼入侵，这类似于人们对待地震的态度。即，在我们看来再正常不过的黑夜，却给他们带来了紧张的情绪反应。

再举一个例子加以说明：一个在发达城市长大的 3 岁小孩害怕很多事物，像夜晚、兔子、老鼠、狗、鱼、青蛙、昆虫、动物玩具等。我们可以对他进行这样一个实验，当这个 3 岁小孩正在兴高采烈地做游戏时，突然在他面前放一只青蛙或其他动物，这时，他会把手头的所有活动都停下来，马上到墙角或可以隐藏的角落躲起来，并带着哭腔喊道："把它拿走！把它拿走！"而这些事物未必会让其他孩子也觉得害怕，但是这并不代表其他事物也不会引发他们害怕的情绪，或者很多事物都不会让少数孩子产生害怕的反应。当面对同一组事物时，不同的试验者的不同反应让我们知道了，要想对情绪进行完全的研究，单纯的"自省"是根本做不到的，我们必须借助科学的实验论证，才能从本质上对情绪进行解释。

行为心理学家对成人的各种情绪反应的研究愈是深入，愈会发现在面对周围的事物和环境时，一些人会做出比正常人激烈得多的情绪反应，而对这些事物、环境进行掌控所需要的情绪反应则更加混杂。对于某些人来说，这些事物、环境好像拥有了对人的意志进行影响的力量，那些对这些事物、环境敏感的人不得不做出多种多样的情绪反应和生理反应。比如，我们知道有一些黑人喜欢收藏兔子脚。正常人会觉得兔子脚只是动物尸体上应该被处理掉的器官，或者也有人把它当作自己宠物的食物。可是，对于这些黑人来说，兔子脚却有着非同寻常的意义，他们会非常认真地处理兔子脚，似乎在处理一件珍奇的宝贝——他们会先把兔子脚晒干，然后再进行打磨、修整，之后放到口袋里小心保护起来。每当有危险降临，或者身陷困境时，他们就会把兔子脚拿出来膜拜，希望以此保佑自己。从这里，我们可以看出，对于兔子脚的反应，他们要比一个正常人应该有的情绪反应强烈得多了，这其中隐含了他们对于神明的敬仰形式，就如同出现在宗教里的仪式一样。

文明在一定程度上让客体和场景拥有了更多的意义，以至于一些特殊的群体会对它们做出非比寻常的反应。比如说，面包和葡萄酒。我们觉得肚子空空时，我们会吃面包。在我们举行宴会、正餐或者日常，我们都会喝葡萄酒，对于我们来说，这是最常见的饮食。可是，如果在教堂里出现这些日常的饮食，通过圣餐的形式分发给信徒们，他们就会做出低头、冥想、低声祈祷等行为。在一些特殊的宗教里，对于他们的信徒来说，圣人的骨头和遗骸都具有非比寻常的意义，这些信徒会膜拜这些逝者的骨头。尽管这些行为和黑人对兔子脚所做出的反应不一样，可是对于他们来说，都是一种神圣的仪式。

生活中，我们随处可以见到类似的文明对人的生活所产生的影响力。比如说，有些人走路时总是离狗和马远远的，这两种动物对他们产生的禁忌，丝毫不亚于让他们换一条路走或者改换前进的方向。此外，差不多在任何一个有明文可考的国家，都存在有关姓名和称呼的禁忌。我们不妨想象一下，如果我们将日常所遇到的场景和客体都融入一个足够宽广的领域，之后站在伦理学的立场，拟定出一套当人们面对这些客体和场景时，应该出现的生理反应和行为，并以此作为对人们的行为规范进行指导的标准，用来对人们日常的行为举止进行考察，那么不久以后，我们就会发现在生活中，会有一些人表现怪异。怪异往往通过以下这几种方式表现出来：反应过度、反应迟缓、反应僵硬、反应停滞、反应负面，以及反应不符合公众伦理。

在对人类情绪产生影响的因素中，包括环境和意识这两个非常繁杂的层面。因此，在有关生理学反应这方面，我们并没有相应的标准，可是我们可以尽可能离它近一点。就如同我们现在对待昼夜、季节和天气的反应，会完全异于古代的人们对待它们的反应，古代人会觉得如果一棵树遭到了雷劈，是因为受到了诅咒，而我们不会这样认为，我们也不会觉得在战场上把敌人的指甲、毛发和排泄物弄到手，就可以利用巫术打败敌人。我们在科学、地理和旅行的帮助下，对事物的认知完全不同于以前，因为生产力恢复了自由，我们也不再会对事物大惊小怪。像如今在市场上随处可见的加工食物，我们不会再对它们的干净与否予以关心，转而开始关心它们能不能让我们的身体变得健康。

上面所说的都是一些生活中常见的场景，其实，全球依然非常流行非常态现象——毋庸置疑，它们并不是普遍现象——像一个女人可以和多个丈夫在一起，或者一个男人可以和多个妻子在一起；在灾荒年份，也许会有吃人肉、易子而食的现象发生；或者在一些部落或发展滞后的民族里，相信用特殊的孩子献祭就可以让神明不再生气。当然，还有把妻子等同于物品，用于转借的习俗。

当然，我们很难做到百分百标准化，其实，我们的社会在相当长一段时间内，都不可能实现这个目的。就好像英雄崇拜，我们从小就开始崇拜自己的父母，等长大以后，又开始崇拜文艺作品中的英雄。等我们开始工作，我们又开始崇拜领域里响当当的人物，像作家、艺术家、教会长老、领袖、运动员、明星等。我们的反应在这些人面前就如同一个孩童一样。

5. 复杂情绪是从外界来的吗？

因为成人情绪反应太复杂了，因此，想把一个成人作为研究对象太难了，我们只有放弃了。而两相对比，婴儿的情绪反应就直接多了，也纯粹多了。我们在社会中选取了实验标本——一部分孩子来自于普通家庭，一部分孩子来自于富人家庭，同样的实验场景，我们让他们单独面对——我们让一个孩子待在游戏室里，之后把一个小动物放进去。

为了把孩子真实的情绪反应变化记录下来，我们需要适当改变一下他们日常的生活场景，比如让一个他们并不熟悉的人喂养他们，并给予不同的食物，或者给他们穿衣、洗澡；还可以借助把他们的玩具拿走，或者在确保安全的情况下让他们位于更高的地方。其实，真实生活场景中会为我们提供更多的测试方法。

最初的实验过程告诉我们，来自于贫穷家庭或富裕家庭的作为实验对象的孩子，他们不太完美。因为成长环境非常特别，他们也会表现出非常复杂的情绪。之后，我们又在医院里选择了一些奶妈照顾的健康婴儿，还有一些年龄大一点的有家庭的孩子，当然，不会超出实验者的观察范围。其中有的孩子从一出生就处于被观察的状态，直到一周岁，有的孩子则连续两年都处于被观察的状态中，还有为数不多的几个孩子连续三年都处于被观察状态。我们用两个实验来对此进行验证：

首先，考察孩子在实验室里接触毛绒动物，会有什么样的反应？

我们提前将孩子安排在实验室以后，再让不同的动物进入其中。我们把孩子放在一个不受限制的房间里，要么母亲在场，要么护士在场，要么只留下他们一个人，以便对当有不同人在场时，他们对毛绒动物的反应有没有什么不同进行区别。而为了给孩子们创造一个不一样的环境，我们把房间刷成了暗色，墙上也都是黑色，屋内也没有家具，只有一盏灯。

一开始，我们让一只可爱的黑猫出现在孩子们面前，它非常温柔，喜欢用呼叫的方式来引起他人关注到自己。它在婴儿身边转来转去，用毛茸茸的身体和婴儿的皮肤相接触，对此，婴儿也做出了积极的反应，他很愿意和猫那毛茸茸的身子相接触，抓它的鼻子，揉它的眼睛，在其他孩子身上，也出现了这种常见的反应。

作为另一个实验对象的兔子，也把应有的活动特点都表现出来了，它可以把婴儿的掌控欲都激发出来。孩子们乐意去抓兔子的耳朵，还把它那毛茸茸的耳朵塞到嘴巴里。

我们还把小白鼠运用到了我们的实验过程中，因为白鼠体积太小了，所以婴儿根本没有注意到它。可是，只要动物体积大到可以把婴儿的目光吸引过来的时候，他们就会产生触摸反应。

其实，我们还把其他动物都拿来做了实验，像艾尔谷梗种狗、鸽子、青蛙等。实验结果显示，不管是在暗室里，还是在明亮的房间里，婴儿和这些动物在一起时，都能很快成为“朋友”，而不会产生害怕反应。反之，却有很多有过外部生活经历的大孩子在一定程度上对兔子、白鼠或其他毛绒动物感到害怕，并出现逃避行为。华生于 1924 年夏进行过这样一个实验：

他把自己的两个儿子——分别是 3 岁的大儿子和 7 个月的小儿子，带到动物园玩。小儿子只有习得性情绪，还没有形成条件反射的情绪性恐惧反应，而大儿子已经经历过复杂的条件反射。比如说，大儿子曾经在游泳的时候差点淹死了，所以害怕水；有一次，他遭到了狗的攻击，让他相应地形成了对狗的条件反射，可是他还没到对其他毛绒动物都感到害怕的程度；在动物园划船的时候，有水花溅落到船里，大儿子明显感到很害怕，时不时提醒父亲，是不是该对船里的水进行清理了。而小儿子却根本不在意这些。当他们下船以后看到各种小动物时，大儿子明显很兴奋，不停地拿水果喂养它们，还想去摸摸笼子里的黑猩猩。小儿子的反应明显就消极多了，在动物园一天都处于怏怏的状态，似乎没有什么事物可以吸引他的眼球，只是有时会看一会儿天上的鸟儿。

上述的几个实验告诉我们，婴儿身上确实存在非习得性反应，可是这些非习得性反应都不能被视为情绪建立的开端。婴儿没有经历过足够多的条件反射，是不可能自主学习复杂情绪的。即，要想习得复杂情绪，必须以外界的刺激为依仗。从本质上来说，这一论断把詹姆斯的“内省”理论完全打破了，把只对意识进行研究的怪圈舍弃了，也使得情绪行为的起点研究不再专注于个体内部，而开始将目光放到外部（外界刺激）。

6. 有意思的非习得性反应

通过刺激，新生儿会出现“惧”“怒”“爱”这样三种不同形式的情绪反应，只是在对它们进行使用时，要把之前的含义清除掉。我们在对待这几类反应时，会把其看作是和呼吸、心跳、抓捏等一些非习得的反应一样。下面，我们用实验来对它们的存在加以验证。

惧：通过对婴儿所做的实验，我们发现，对于剧烈的声响，新生儿会有明显的反应，像用一把锤子对钢条进行拼命敲打时所发出的声音，就会让婴儿产生一系列的反应——惊起、惊跳、呼吸停顿，接下来婴儿的呼吸会变得急促，而且血管运动变化也一起出现，婴儿会把嘴唇抿得紧紧的、握紧拳头、眼睛突然闭上或睁开。在那些没有大脑半球的婴儿身上，这种现象尤为明显。婴儿因为出生时间不一样，也会出现不一样的反应，会分别出现哭闹、摔倒、爬行、走开、逃跑等现象。可是，并不是所有声音都可以让婴儿出现反应，像那些极低的声音或颤音就不行。当然，这也并不是说高亢的声音就必然会让婴儿产生反应，像音调非常高的高尔顿口哨，就无法对婴儿产生刺激，激发他们的反应。为了对我们的观点进行证明，我们在才来到这个世上仅三天的婴儿身上进行了实验。当他们半醒半睡时，我们贴近他们的耳朵做揉报纸的动作，或者用嘴唇发出各种高音，来不断地刺激他们，以期让他们有所反应。经过大量实验以后，我们发现，纯音是很难激发婴儿的反应的。所以可以这么说，在这项工作中，我们必须花大力气研究声音刺激的性质和反应的各个部分，唯有如此，才能准确地阐述更加完整的刺激，即反应的整个过程。

此外，当婴儿的身体还没有准备好，也就是还没有得到补偿支持时，也会引发同样的恐惧反应。事实上，在生活中，这样的现象我们是可以发现的，比如新生儿进入睡眠状态，假如从床上滚落在地，或者有人突然使劲扯他裹在身上的毯子，并拉他一起变换位置时，就会让婴儿感到恐惧。我们在实验过程中发现，假如用同样的刺激，比如巨大的声响或者没有准备好这种刺激，不停地作用于新生儿，只能激发一次婴儿的恐惧反应。假如想用相同的刺激再次让新生儿产生恐惧反应的话，中间就必须有一定的时间间隔。

对于成年人和高级灵长类动物来说，当个体没有准备好而且在还没有适应时，事实上也会引发他们的恐惧反应。举例来说，很多马在过桥时都胆战心惊，人也一样，假如我们所过的桥只是由一条狭窄的木板搭建而成，而桥下又是深不可测的河水，这时我们就会心跳加速，身体肌肉也会不自自主地处于紧张状态。一般情况下，首次接触到水的孩子都会非常害怕，那是因为水的浮力会导致他的身体难以处于平衡状态，虽然水温尚可，可是他依然会呼吸急促，不停地扑腾着、哭闹着。

怒：如果身体运动无法顺利进行，我们就会生气。成人在照料孩子的过程中，因为会不自觉地对孩子的身体运动进行限制，就会让孩子的情绪变得糟糕，这时，孩子通常就会用哭闹不止，或反其道而行之表现出来。而我们在进行了大量的实验以后发现，在新生儿身上就可以发现这种现象，尤其是刚出生才 10—15 天的婴儿。当我们把婴儿的头轻轻捧在手里，强制性要求他们把手臂分开，或者紧紧握住他们的双腿时，就会激发他们生气的反应——整个身体僵直，压抑呼吸，挥舞着四肢。尽管他们不会立刻哭叫不止，可是会把嘴巴张得大大的、暂停呼吸，直到脸都变青了。在确保婴儿安全的情况下，只要对他稍微用一点力，发现他的小脸发青以后，实验就可以停下来了。举例来说，我们用细绳把实验中的孩子的手臂拉起来，并把一个很轻的铅球系在细绳的另一端（哪怕没什么重量，可是也会妨碍婴儿的身体运动），就会激发婴儿生气的反应，也就是以上所描述的那一系列反应。事实上，我们很容易在日常生活中发现这样的现象，当人们粗暴地给婴儿穿衣服时，婴儿就会表现出一种生气的反应。

爱：尽管我们在对婴儿爱的情绪反应进行研究的过程中，遇到了不少艰难险阻，可依然在实验中发现，如果我们对其皮肤进行触摸、挠痒、轻柔地摇晃、轻拍等行为，就会引发婴儿“爱的反应”。而且我们还观察到，如果对婴儿的嘴唇、乳头等性感器官进行刺激，更易引发“爱的反应”。这种“爱的反应”涵盖着非常广阔的领域，像“仁慈的”“亲切的”“亲昵的”等。对于我们成年人来说，其实这也是两性之间的爱的源头。那些可以带来最初爱的动作的人，都会一定程度上促进婴儿情绪的发展。当一个母亲把自己的小婴儿抱在怀里时，总会想要抚摸他，在喂奶时或者在诱导孩子入睡时，会轻拍孩子的身体，而这些动作都会激发儿童的爱的情绪。

婴儿所处的状态会决定婴儿的反应，当婴儿正哭泣时，他会忽然停下来，然后微笑，并发出声音。其实这样的体验在很多人身上都发生过，当婴儿长大一点，假如被挠痒，他就会不停地乱动，而且“咯咯”地笑。

7. 复杂情绪产生的过程

观察让我们知道了婴儿的一些反应，那么怎样才能让这些反应等同于成年人所表现出来的情绪上的那些繁杂的东西呢？众所周知，很多孩子会害怕黑暗，而很多成年妇女也会害怕一些动物，像老鼠、蛇以及一些昆虫。其实，很多在生活中被我们使用的物体，差不多上面都带有人们的各种情绪。比如说害怕，它就在人们所生活的环境中存在，像森林、水等。同样的道理，很多物体和场景也会让人们觉得爱和生气，而且随着个体经历的丰富，它们还会越来越多。大家都知道，一开始为什么会产生爱和怒这两种情绪反应，并不是因为一种物体出现在人们眼前，而是在之后的生活中，只要人出现在人们眼前，就会引发人们的这两种情绪。一开始，有些个体不容易把复杂的情绪激发出来，可是一段时间以后，他们就有了各种复杂的情绪，让情绪生活更加危险，也更加多姿多彩。那么，复杂情绪产生的过程究竟是什么样的呢？

早在 20 世纪初，我就开始着手研究这个问题了。在决定做实验以前，我和助手们其实一直都拿不定主意，因为这个实验需要不断激发婴儿恐惧的情绪，并且找到去除的办法。尽管这项实验并不危险，可是依然有可能让婴儿产生心理阴影，虽然这个概率非常小。在相当长一段时间，这个实验一直都被束之高阁，可是要想对这一问题有更深入的了解，找到更有说服力的证据，就不能中断这个研究。华生好像只能孤注一掷，最后，他找到了一个名叫阿尔伯特的 11 个月的婴儿，重 21 磅，他的父亲在哈瑞特·莱恩医院做护工。阿尔伯特在这家医院出生，而且一直在医院里住，非常惹人爱。在和华生相处的这段时间，他从来没有哭过，直到实验完成。

我们先要明确实验的目的是什么，然后才能开始实验。通过前面的实验，我们已经知道，剧烈的声响很容易引发恐惧反应，因此我们先在小阿尔伯特身上进行这个实验。在前面的论述中，我曾经试着跟大家说过，必须有一个能够引发这种反应的基础刺激，才能建立条件反射，也就是建立一个条件反射的反应。鉴于此，我们接下来就是带来一些其他的刺激，以激发这个反应。举例来说，当蜂鸣器响起时，我们想要达到让受试者手臂和手忽然剧烈颤动的目的，就必须在蜂鸣器响起时，用一种方式对手臂和手进行刺激，使其发生颤动。当然，你可以采用的方式有很多，像电击，或者其他的方式。如此一来，你就会在短时间内知道，只要蜂鸣器发出声音，受试者手臂就会开始颤动，似乎真的被电击了一样。现在我们就在阿尔伯特身上进行同样的实验。

我们先在阿尔伯特身上进行了这样的实验——我们之前对他进行了多次实验，最后结果都显示，要想引发这个孩子的恐惧反应，必须是有很剧烈的声响和没有准备的前提下。我们还在实验中发现，只要是他方圆 12 英寸以内的东西，他没有不想伸手触摸的。他和其他大部分孩子一样，对于剧烈声响的反应是一样的。我们用木匠的斧头对一根直径为 1 英寸、长 3 英尺的钢条进行敲击，阿尔伯特会对这种巨大的声响做出最明显的反应。我们之所以在阿尔伯特身上开展这个实验，就是为了让他在看到小白鼠时，会产生恐惧反应的条件反射。

我们详细记录了这个实验，实验记录把建立条件反射的情绪反应的进度都显示出来了。

阿尔伯特 11 个月零 3 天时所进行的实验：

我们在阿尔伯特面前放了一只小白鼠，而这只小白鼠之前已经和阿尔伯特在一起待了 3 天了。阿尔伯特自然而然地伸手去触摸这个忽然出现在自己面前的小东西，就在他的手快要碰到小白鼠时，他的身后响起了敲击钢条声，阿尔伯特突然一跃而起，并摔向了前面，他的头陷进了垫子里，可是他并没有哭出来。

过了一会儿，他又伸出手去触摸小白鼠。可是就在他刚要和小白鼠来个亲密接触时，身后又响起了敲击钢条声。他的表现依然和上次一样，忽然一跃而起，然后摔向前方，可是这一次他哭了。经过这次实验以后，小阿尔伯特的情绪不再平静，担心出现意外，我们把下一次的实验定在了一个星期以后。

阿尔伯特 11 个月零 10 天时的实验：

第一，我们让小白鼠在非常安静的状态下，忽然在阿尔伯特的面前出现。当他看到小白鼠以后，他并没有像之前那样，想伸手触摸它，只是目不转睛地看着它。之后，我们把小白鼠又朝他的位置挪近一点。这时，阿尔伯特尝试着伸出右手去摸它。可是，当小白鼠的鼻子碰到他的右手时，他马上缩了回来。接下来，他用左手的食指去摸小白鼠的头，可是，还没碰到呢，他就又缩了回来。阿尔伯特的行为表现告诉我们，他依然还受着我们上周对他所做的实验的影响。接下来，我们又在他身上进行了一个小测试，用到的道具是他的积木。我们在测试的过程中密切注意观察，看积木具不具有一样的条件反射。最后出现了这样的结果：阿尔伯特马上捡起了积木，然后丢掉或者敲击它们等。所以，在此后的实验中，我们时不时会把积木拿出来抚慰他，而且用积木来对他的情绪状态进行测试。在白鼠产生的条件反射过程中，积木极易被忽略。

第二，把组合刺激派上用场。即当孩子看到小白鼠以后，实验员用力敲击钢条，发出剧烈的声响，这时孩子突然一跃而起，然后倒向右边，没哭。

第三，还是把组合刺激派上用场。孩子倒向右边以后，用手肘撑着，让头舒服一点儿，没哭，也没有看小白鼠。

第四，再次把组合刺激派上用场，孩子的反应依然是一样的。

第五，没有对钢条进行敲击，只让孩子看到小白鼠。这时孩子的眉头紧皱，并开始哭，而且身体开始急剧往左退。

第六，继续把组合刺激派上用场。这一次，因为组合刺激的作用，阿尔伯特忽然倒向右边，并开始哭。

第七，又一次把组合刺激派上用场，孩子受到突然的惊吓，并开始哭，可是他没有摔倒。

第八，只要出现小白鼠这一个刺激物，阿尔伯特就会开始哭，而且迅速调转身体，倒在地上，并快速向前爬。

阿尔伯特的实验对个体情绪的复杂性进行了验证，也同时让我们知道了，复杂情绪源于非习得性情绪的衍生，而且也对人们的情绪并不是从遗传而来，而主要是从外部的刺激而来进行了进一步说明。

8. 情绪的转移——移情

在把小白鼠当作实验道具以前，我们其实已经给阿尔伯特准备了很多带有毛发的物体，让他与它们一起玩耍，像兔子、海鸥、毛坯套筒、护理员的头发和假面具。即，在把小白鼠当作实验道具以前，阿尔伯特一连几个星期都和它们在一块玩耍。那么，我们要对这样一个问题进行检验，那就是阿尔伯特在经过对小白鼠的条件反射以后，重新看到它们，会有什么样的反应？即，检测一下他对小白鼠形成的条件反射，当他再次和这些物品和动物面对面时，他会受到什么样的影响？基于这一目的，我们并没有快速在他身上进行实验，即在接下来的 5 天中，我们都让以上东西在他面前消失了。第六天过后，我们也没有让那些东西在他面前出现，我们是这样检测的：先用小白鼠来对他进行测试，看他是否还会出现条件反射的恐惧反应。以下是我们对此的记录。

在阿尔伯特 11 个月零 15 天时所进行的实验：

第一，用积木来测试他。当积木出现在他面前时，他快速把它们拿了起来开始玩，就像日常一样。这个测试告诉我们，房间、桌子、积木等物不会让其发生情绪转移。

第二，当我们把积木拿走，在他面前放上小白鼠时，情况就不同了。他看到小白鼠以后，马上哇哇大哭，并收回了自己的右手，转过头来，让小白鼠远离自己的视线。

第三，再把积木拿给他。阿尔伯特立刻开始玩积木，也开始笑了，还在玩的过程中发出咯咯的笑声。

第四，重新用白鼠来做实验。当小白鼠出现在他面前时，他的身体马上往左边歪，可以很清晰地感受到，他在尽可能地躲避小白鼠。他在这个过程中倒在了地上。可是他迅速转过身，爬向离小白鼠更远的地方——他在尽可能离小白鼠远远的。

第五，我们又在他面前放上积木，他快速拿起积木开始玩，还像以前一样发出快乐的笑声。

这次实验结果告诉我们，在这 5 天中，条件反射一直没有消失。接下来，我们会把兔子、狗、海豹皮毛、棉花、人的头发和假面具都拿出来进行实验，看看它们会如何影响婴儿的情绪。

第六，我们一开始只把兔子拿来进行实验。我们让阿尔伯特发现他面前突然出现了一只兔子，这时，他的反应非常消极。他尽量远离这只毛茸茸的东西，并开始哭，最后越哭越大声。我们让兔子更靠近他，还碰到了阿尔伯特。这时，他低下头，开始大声痛哭，而且想要从那里逃出去，拼命向前爬，一边爬还一边哭。应该说，这个测验非常有效。

第七，一段时间以后，我们又在他面前放上积木，他又像过去那样开始玩积木。4 个人都发现，阿尔伯特这次在玩积木时，明显比之前更有精力，他把积木举得老高老高，然后大力摔打。

第八，我们把狗拿过来做实验。相比兔子，阿尔伯特对狗的反应没有那么强烈。当他看到一只狗出现在他面前时，他只是一直看着它，并蜷缩着身体。当狗离他越来越近时，他试图四肢着地。可是，这时他并没有哭。在狗远离他，即他没有在自己的视线范围内看到那只狗时，他不再有异常的反应。可是，在这以后，只要狗再次和他的身体靠近，他就会挺直自己的身体，并沿着狗的反方向滚出，而且转过头开始哭。

第九，我们牵走了狗，重新拿给他积木，他马上又开始玩积木了。

第十，海豹皮毛的测试。当我们让阿尔伯特看到海豹皮毛时，他迅速躲向左边，而且变得焦躁不安。当我们让皮毛离他左边更近时，他迅速调转了身子的方向，之后开始哭，想要从那里离开。

第十一，接下来是用棉花进行实验。我们用一个纸袋装着棉花，可是最上面的棉花露了出来。一开始，我们在阿尔伯特的脚边放上了这个纸袋，一开始他只是踢开了，没有用手去触摸。可是后来，当他的手接触到棉花时，他猛然打了个激灵，把手缩了回来，可是相比他看到其他动物或皮毛时所引发的反应，这一次的反应程度要轻一些。而且，一会儿以后，他开始把纸袋拿过来玩耍，可是尽可能不碰棉花。可以说，在不到一个小时的时间内，他已经没有对棉花的消极反应了。

第十二，在实验过程中，我们的一位工作人员低下头，想看看阿尔伯特会不会对他的头发感兴趣。很明显，阿尔伯特一点兴趣也没有，而是离工作人员的头发远远的。另两位观察员也效仿这位实验员的做法，结果，阿尔伯特却对他们的头发颇感兴趣，开始玩了起来。可是，当我们的实验员在阿尔伯特面前放上一个圣诞面具时，他再次出现了明显的消极反应，虽然他早已把玩过他们的头发。

通过上面的实验记录，我们发现，它证明了一个和泛化或迁移有关的事实，而且是真实可信的。

我们在这些迁移中再次对情绪反应和其他一些条件性反应完全一样进行了证明。鉴于此，我认为是同样的因素在条件情绪反应的泛化或迁移的例子中发挥着作用。

我们可以效仿其他任何领域，在情绪领域创建一种非常明显的分化反应。假如我们可以坚持进行这个实验，我们就会发现，不管白鼠什么时候出现，都会让阿尔伯特产生恐惧反应，而当其他任何动物出现时，都不会引发什么反应。在实际生活中，这种情绪分化极有可能出现。比如，在婴幼儿时期，我们大部分人的情绪还处于未分化状态，对于刺激的条件反射杂乱而剧烈，这一点在很多成年人，特别是妇女身上有非常突出的表现。她们的相同点就在于文化素质不高，一直都非常迷信。而文化素质较高的人，因为比较了解物体的操控，也接触过动物，也会使用电器，所以，他们已经抵达了一个更高的层次——次级的或者是分化的条件性情绪反应的层次。

假如对这个问题的推理，我们是正确的话，那么就一定存在一个合适的方法，来解释迁移的情绪反应，弗洛伊德所谓的“移情”也包括在内。我们相信，在条件性情绪反应刚开始建立时，首先出现反应的会是一个广阔的彼此之间非常类似的刺激（所有的毛发物体），而且，就像我们所知道的，这个实验坚持进行下去，只有原来的你在其上建立起条件反射的物体或场景的基础上，直到未分化的条件反应在实验步骤下被提升到分化层次，才能引发反应。

9. 情绪产生的基础——内脏和腺体

我们必须要了解这样一个事实，极少可以找到证据，对习惯性被叫作“情绪反应”的复杂形式的遗传进行解释，这一点和被叫作“本能”的遗传是一样的。

假如我们想更准确地描述情绪反应的研究结果，也许能够指望的也只有整个人类婴儿在遭受刺激时，会做出什么样的反应。通过在这方面所进行的所有研究，我们发现某些种类的刺激，也就是声音和没有准备，会引发婴儿的某种反应，就像我们在实验中所看到的一样，婴儿会做出突然跃起、暂时的呼吸停顿、哭泣，以及显著的内脏反应等，假如当他们听到声音或没有做好准备时。另一种刺激会使婴儿变得焦躁、哭泣、长时间呼吸停顿，循环系统也会出现明显改变，还有一些内脏变化，这些反应会发生在当有人限制了他们的运动，也就是有人不允许他们抓握或行动时。第三种刺激会使得婴儿出现哭泣暂停、咯咯笑出声、呼吸改变、勃起，以及其他的一些内脏变化，这些反应会出现在有人抚摸他们，特别是抚摸他们的性感区域时。我们需要注意一点，那就是这些刺激的反应之间并不是互相抵触的，而且在不少部分，它们具有相同的反应。

可以这么说，正是在这些无条件反射的刺激，以及与此相对应的简单的无条件反射的反应的基础上，我们才把被称之为“情绪”的那些复杂的条件反射的习惯种类的开端建立起来。即，个体无条件反射在条件反射和迁移的作用下，大面积增加了刺激范围，让它们产生了其他变化。类似于婴儿听到很大的响声会感到害怕一样，当某一事物出现时还伴随有急剧的声响，那么婴儿就不会再对这个急剧的声响感到害怕，而会害怕于单一的事物。正是因为条件反射，才产生了害怕，和之前的无条件反射是不一样的。

我们还应该关注另一组让我们情绪生活增加的复杂因素。比如，在不同的场景下，同样的事物有可能是引发恐惧反应的取代刺激，也有可能是引发爱的反应的取代刺激，还有可能是引发怒的反应的取代刺激。应该说，情绪反应因为这些因素的影响，而变得更加复杂，尽管我非常乐意把另一种我针对人类更加复杂的反应种类所总结出的一种思想给大家介绍一下，即，我认为，虽然有很多外显因素存在于情绪反应中，像手臂、腿、躯干、眼睛的运动，可是我们也必须承认一点，内脏和腺体因素依然发挥主导作用。就像人们在害怕时会出“冷汗”，在难受和疏离中会有心跳加速这一身体反应，还有青春时期的孩子的“躁动的心”和“活力十足”，事实上，这些表现是真实存在的，在我们的生活中就可以看到，即是我们通过客观观察所得出来的结果，并不只出现在文学作品中。

在这里，我先不过多地陈述这一理论，之后，我会不断加以完善。我想说的是，我们这些委婉的内脏和腺体反应，从来没有被社会所掌控，否则，它们早就被它所束缚了。大家都知道，我们所有的反应都会遭到社会的规范。我们很大一部分人的外显反应，像我们的四肢和躯干运动，我们说话，都是经过严格训练，并慢慢形成习惯的。可是内脏的行为因为是内隐的，所以社会无法掌控它们，也没办法制定规章来对其加以整合。因此，最后就一定会出现这样的结果，那就是我们在描述这些反应时，没有合适的言辞可用。它们仍然是非词语化的。我们完全可以找到合适的言辞，来描述两个拳击手或两个击剑手的所有动作，而且对于所有人的反应，都可以给出极为细微的评价。因为对于这些过程，我们有一些既定的词汇，而用这些词汇来对这些技术动作进行描述是绰绰有余的。可是，这里有一个非常清晰的规则：假如一个会让人情绪激动的物体出现，就一定会出现内脏和腺体的分别运动。

因为我们从来没有给这些反应起过名，所以，我们没办法对发生在我们身上的一些事情进行探讨。直到现在，我依然不知道如何来探讨它们，因为找不到词汇来代表它们。有很多非词语化的东西存在于我们人类的行为中，这一理论让我们找到了一个自然科学的方法，来对弗洛伊德主义者所谓的“潜意识情结”“控制的愿望”等很多东西进行解释。这样说也可以，我们可以让研究情绪行为这一门课题回归到自然科学的道路上，我们的情绪生活和我们的其他很多习性一样向前发展。假如果真如此的话，曾经在我们身上形成的情绪习惯还会继续保留下去吗？我们知道，伴随着我们的成长，我们通常会舍弃和废除我们的手势习惯和语言习惯，那么，我们的情绪习惯会不会也会遭受这样的命运？就在前段时间，我们还没有找到任何事实，可以用来指导我们回答这些问题。可是现在，我们可以回答其中一部分问题了。当然，我们会给大家介绍它们，但不是现在。

第九章
情绪反应：条件反射中的实验与观察

1920 年，我们就完成了我们前面所讲的实验，而在这之后的两年多时间里，直到 1923 年的秋天，我们都没有继续在阿尔伯特身上做实验。我们深入地思考了情绪反应，我们觉得既然在准备好的条件下，它可以建立，那么是不是也能够被毁坏？假如是能够做到的，那么又需要采取什么办法？因为在我们进行测试以后，没过多长时间，城外的一户人家收养了阿尔伯特，因此我们没办法再进行下一步的测试。而且这时，我也停止了在约翰·霍普金斯的工作。所以，我们的实验只能先暂停。

1923 年秋天，我们得到了一笔研究资金，可以对儿童情绪生活继续进行研究，这笔奖金是当时劳拉·斯皮尔曼菲勒纪念馆给教育学院的教育研究所的，而其中一部分的用途就是这项研究。我们有了资金，又开始筹划这项研究，还把研究的地方都找到了——赫克希尔基金会，那里大概有 70 名儿童，年龄在 3 个月到 7 岁之间。可是，从实验的角度来说，那里并不太理想。因为基金会给我们提出了不少限制条件，不让我们完全掌控这些孩子。而且那里还有一些一定会出现的传染病，会强行中断我们的研究。尽管在这个过程中，我们遇到了不少难题，可是我们依然做了不少工作，并把这些实验结果记录下来了。

1. 怎么对条件反射或无条件反射进行重建?

实验结果告诉我们，截止到现在，对于消除恐惧反应，最有效的办法就是“重建条件反射”或“无条件反射”。我们不得不承认，在用“重建条件反射”这一词来对这种现象进行解释时，结果是差强人意的。它似乎只是另一种可以派上用场的词语，除了被对自然科学感兴趣的人运用到不同形式中以外。

我们也试过采用无条件反射的方法，来对恐惧反应予以消除，下面我将给大家举个例子，在这个例子中，我们就把这一方法派上用场了。我们为什么要给大家介绍这个案例呢，主要原因就是它对人们在这一研究中也许会遇到的难题，以及这一方法的采用都进行了说明。

这个实验对象是 3 岁的彼得。他是一个活力十足、非常好动的孩子，能够很好地适应日常环境，只是对白鼠、兔子、毛皮大衣、青蛙、羊毛、棉花、鱼以及机械玩具都感到很恐惧。通过对上述恐惧状态的阐述，我们也许会联想到先前的实验对象——阿尔伯特，大家应该还有印象，阿尔伯特也对上述的动物和物体感到恐惧。可是在这里，我们要弄明白一点，彼得和阿尔伯特的恐惧反应，并不是发生在相同或相似的场景中。彼得是“在家里”产生恐惧的，而阿尔伯特则是在实验室里产生恐惧的。而且，彼得的恐惧要明显多了，我们接着往下看：

彼得被我们的实验员带到了一间游戏房，然后把他放到一张小床上，上面摆满了玩具，一会儿，彼得就开始专心致志地玩玩具了。突然，一只小白鼠出现在他的床边（实验者在屏幕后面躲着）。在看到小白鼠的那一瞬间，彼得就开始尖叫，仰面倒在床上，一副非常害怕的样子。刺激消失后，实验者把彼得抱到椅子上坐好。游戏房中还有个叫芭芭拉的小女孩，她一点儿都不恐惧小白鼠，她还把小白鼠拿在手里。彼得一动不动地坐在那里，盯着芭芭拉和小白鼠看。这时，实验员把彼得的一个珠串放到了床上，小白鼠看到了，就用爪子去碰那根珠串上的绳子。只要它这样做，彼得都会埋怨道："我的珠子。"同时，芭芭拉也会去碰那个珠串，可是彼得却没有表现出不乐意的样子。实验员让彼得从椅子上下来，他拒绝了，他还觉得恐惧。25 分钟以后，他的情绪才平复了一些，打算去玩。

第二天，当彼得面对以下环境和物体时，实验员把他的反应记录下来了：

（1）第一天，当他被实验员带进游戏房以后，他非常自如地把玩具拿在手中玩，并坐到了小床上。

（2）实验员朝房间里扔进了一只白球，当这只白球出现在他的视线里以后，他把它捡了起来。

（3）实验员偷偷在他的床边挂了一个毛皮小地毯，当彼得看到地毯以后，就开始尖叫，直到实验员拿走。

（4）实验员又在他猝不及防的情况下，在他的床边挂了一件毛皮大衣，他看到后开始哭叫。直到实验员拿走以后，彼得才停止哭泣。

（5）实验员又把棉花拿来了，彼得在看到的一刹那就开始哭叫，并连连后退。

（6）彼得看到有羽毛的帽子以后，又开始大哭。

(7) 实验员在他的面前放了一只白色粗布玩具熊，彼得的反应既不积极，也不消极。

(8) 实验员把一个木制的玩具娃娃拿到他面前，彼得的反应也不积极，也不消极。

在我们前面讨论社会因素时，我们才开始对彼得的这些恐惧反应进行消除训练，而且程度上有了很大的提高。正当我们准备继续对他实行这样的训练时，彼得患了猩红热，住到医院里去了，而且前前后后得 2 个月左右的时间。因此，我们只能在这段时间里暂停对他的训练。出院那天，护士陪着他刚在一辆出租车里坐下来，后面就来了一条大狗，他和护士都觉得很恐惧。因为刚生了一场大病，坐在出租车里的彼得显得没精打采。

出院以后的彼得休息了几天，我们继续对他进行训练。这一次，实验室里来了一些动物。看到那些动物，他表现得非常害怕，可以说程度极其严重。后来，我们决定运用直接的无条件反射这种方式来训练他。我们是这样进行的：彼得的用餐，我们不约束，可是在午餐时，当然会让他吃饼干和牛奶。他被我们安排在一间大概 40 平方米左右的房间里用餐，就坐在小餐桌的高椅子上吃。第一天对他进行训练时，他正在吃午餐，我们把一只装有兔子的网状笼子拿了进来，放的地方离彼得很远，不会对他吃午餐产生影响。效果是显而易见的，彼得没有受到这只兔子的影响，继续吃午餐。第二天，我们把兔子放得离他近了一点，直到正好可以对他形成干扰——应该说，那样的位置已经再明显不过了。第三天以及之后的几天，我们都按照之前的步骤，直到兔子可以被放在桌子上，甚至直接放到了彼得的身上。接下来，彼得对兔子的态度也在一步步变得积极，他不再像之前那样看到兔子就害怕，而且还可以一边吃饭，一边和兔子玩。这一现象可以对他的内脏和手都重新获得了训练进行证明。

先前，彼得非常害怕兔子，甚至可以说是相当严重，我们在对他进行了兔子恐惧反应的消除训练以后，便想知道如果现在他面前有其他的毛绒动物和物体，他会做出什么样的反应。最后我们看到，当棉花、毛皮大衣和羽毛再次出现在他面前时，他已经一点儿都不害怕了。他伸出手去触摸它们，之后就转移了视线，甚至还把地上的一块毛毯捡起来递给实验者。

尽管在小白鼠身上，还没有让他产生积极的反应，可是也进步了不少，最起码已经可以忍受了。他会把装有白鼠、青蛙的箱子拿在手里，在屋子里来回走动。这个实验结束以后，我们又对他进行了一项新的测试，把他放在一个新的动物场景中。实验者把一只彼得从未见过的老鼠和一些缠绕在一块的蚯蚓拿过来，放到他面前。他一开始看到这两种东西时，表现不太积极，可没过多久，就对蚯蚓转变了态度，没有因为有老鼠而不对蚯蚓产生积极的反应。

彼得的恐惧来源于家庭，这里我们的研究所针对的对象也正是这样的。可以说，我们根本不知道孩子们一开始产生条件反射时，是在什么样的场景下。假如我们知道这些讯息，知道是什么东西使他形成最初的恐惧性条件反射，那么所有这些“迁移的”反应就会即刻不见。

此外，我们要想对这个领域进行研究，就必须拥有更多的经验，创建一开始的恐惧反应，并可以关注迁移，之后对其反应进行无条件反射。在我们看来，在初级的条件反应（一级条件反射）、次级的条件反应（二级条件反射）和不同的迁移反应之间，存在相应的不同是极有可能的。如果真像我们所预料的那样，我们就可以得出这样的结论：从像彼得这样的儿童所表现出的广阔而不一样的情况中，我们随便选择一个儿童，都可以对他进行条件化。

无论如何，我们对恐惧反应所进行的实验，都已经对我们可以通过一种方法，消除掉恐惧反应这一事实进行了证明。假如真的像我们亲眼所见和我们所希望的那样，可以借助一种方法把恐惧反应消除掉，那么我想，我们是不是也可以用它来控制和生气、爱息息相关的情感组织的其他方式？对此，我相信这不是问题。

我必须承认，我们的这个实验还有很多不足之处。因为各种因素的影响，我们的实验报告还有待完善，确实有点差强人意，而且还需要更多事实来对无条件反射进行研究。因此，我们还需要在条件许可的情况下，做更加深入、细致的分析，才能得到更完善的结果。

2. 孩子们为什么会笑出声？

琼斯夫人用同一方式记录了会让孩子们微笑和大笑的场景。她按照下面的顺序，对引起孩子们发笑的常见原因进行了罗列：

(1) 被逗笑。孩子们会因为挠痒、游戏式穿衣而发笑。

(2) 奔跑、嬉戏，和其他孩子在一块玩。

(3) 玩玩具。尤其是只剩下一只皮球时，孩子们会哈哈大笑。

(4) 和其他孩子在一起玩耍，会发笑。

(5) 看到其他孩子娱乐，会发笑。

(6) 试着做一些事情，而且成功了。像在玩玩具时，让一些装置开始活动。

(7) 当钢琴在他们的操作下叮当作响；当口琴发出声音；唱歌；敲击器物等。

我把可以引起发笑的场景进行了一下排列，一共有 85 种。在这些场景中，和其他孩子玩闹、挠痒、游戏式穿衣、玩乐及温柔地洗澡是最普遍的。我还想说，人们很难在这里探讨，这些发笑反应是基于什么水平才形成条件反应或无条件反应的。这样说有什么理由呢？因为有一种事实是不可否认的，那就是以孩子们内部的机体状态和掌控场景的方式为依据，相同的刺激也许引发的反应会不一样。即，有时会让孩子们笑，有时会让孩子们哭。举例来说，通常情况下，当孩子们在浴室洗澡时，也许更多情况下，我们会听到他们的哭声，可是他们发笑也是有可能的。可是也有这样的情况，当孩子出现消极的情绪时，一只口琴会马上活跃房间里压抑的气氛。按照一般程序给孩子们穿衣时，大人如果粗鲁地对待孩子，极易引发孩子的啼哭反应。可是，大家还应该关注到这样一个事实，那就是当孩子正在完成他自己的任务时，大人们总是尽可能哄他开心，导致很多孩子被溺爱，而这通常也是他们一些痛苦的源头。我曾经看到过这样一个孩子，他就是这样被大人宠坏的。新来的保姆被要求给孩子洗澡、穿衣、喂饭，或者把孩子放到床上，当她这样照顾孩子时，孩子还要求她逗自己开心，可是保姆拒绝了。结果，这个小孩子就开始啼哭。

我必须承认，我们还可以完善我们的实验结果，可是我觉得，我们已经对这样一个问题进行了足够细致又深入的解释：家庭中引发孩子哭泣反应的很多场景都是可以被取而代之的，而且根本没什么难度，可以让它们引发孩子咯咯笑的反应。站在有机体新陈代谢的普遍情形的角度来看，有限度的取代是可取的。此外，通过接连不断的观察，如果我们完全了解了儿童环境中所存在的难题，我们就可以给孩子营造新的环境，进而阻止那种对儿童的结构发展不利的环境。

3. 培养消极反应势在必行

人们在现如今流行的教育法的影响下，觉得把消极反应强加到儿童身上是不可取的。我是不认可这种观点的，我觉得刚好可以反过来，我们应该采取科学的方式，把某些消极反应植入到有机体身上，这样才能更好地对其进行保护。要不然，很难找到更好的途径。可是，我需要在这里说明一点，要严格区分开条件性恐惧反应和消极性反应。以原始的，也就是无条件的恐惧刺激为依据所引发的消极条件反应，极有可能破坏正常代谢，因为其关系到内脏的大量变化。从条件性的愤怒反应的属性上来说，未必就是消极的，举例来说，在攻击和打架时，它就是消极的。可是虽然是这样，它所具有的毁坏作用还是被我们清晰地感受到了。一些极其简单的事实告诉我们，害怕和生气行为会让食物停留在胃里，并在那里发酵，使细菌有机会大量繁殖，把不利于机体的物质散发出去。即，害怕和生气反应是会影响机体的消化和吸收的。坎农已经清晰地表示过这一点。所以我们认为，害怕和生气是有害于人体健康的。当然，假如一个种族在面对噪音和没有做好准备时，必须做出消极反应，或者当有人限制他们的活动时，他们不反抗的话，我们可以肯定地说，这个种族未必还有机会活下去。而爱的行为刚好不同于以上两种反应，据观察得知，它可以在一定程度上给机体的新陈代谢提供帮助，在爱的行为中，消化和吸收的速度都会明显上升。通过向一些夫妻询问，我们发现这样一个事实，那就是在夫妻生活以后，胃部会觉得很空，或者开始收缩，因此，性爱以后，通常会产生更加强烈的进食要求。

现在，我们继续对消极反应这一话题进行讨论。我觉得消极反应的建立几乎不会关系到内脏，它只是以外在的刺激行为为契机，让手、腿、身体等出现退缩反应。我可以在这里引用一个例子，从而让大家更加清晰地认识到这一点。我要举的例子是：我采取两种方式创建了对一条蛇的消极行为。我采取的第一种方式是，我一边向孩子们展示蛇，一边发出恐怖的声音，这使得孩子们吓得瘫坐在地，并开始哭泣。之后，孩子们只要看到蛇，就会非常害怕。我采取的另一种方式是，我让孩子们反复看蛇，可是，每当孩子想伸手触摸时，我就会把他的手指轻轻拍一下。就这样，在缺少惊讶的前提下，消极反应慢慢建立起来了。可是，考虑到多方面的原因，我在做这个实验时，并没有用到真的蛇，而用一支蜡烛代替了。孩子们可以以严重烧伤为契机来建立条件反射，也可以借助反复把蜡烛的火焰派上用场，即让孩子们每次把手指向火焰伸过去，直到手指热到缩回来的地步。这样一来，在没有强烈惊讶的情况下，消极条件反射就创建起来了，只是这样的反应的创建需要相应的时间。

我可不可以据此得出这样的结论：我们如今的文明是来源于那些人为的“不”和很多的规矩吗？为了和这样的环境相适应，人们必须遵守这些规矩，像马路不是儿童的玩乐场所，成人不能冒着罹患性病的危险去生一个私生子等，社会对人们很多不能做的事进行了规定。当然，我并不是要在这里说，从道德标准的角度来说，社会要求的所有消极反应都是准确无误的，我说的“道德标准”，是指如今没有的新的实验伦理学。我不清楚人们如今所坚守的很多规矩是不是有益于机体的。可是毋庸置疑，社会上确实有这样一些规矩。如果我们如今的社会，其习俗对我们提出要求，让我们退回去时，我们就必须遵守，要不然我们的手就会受到惩处。当然，这个世界上存在很多非常执拗的手，他们把那些规矩放在一边，做了违禁的事，可是不久就受到了惩处。现在已经有更多这样的人，事实上，这也说明了社会尝试和错误实验并不是不可能的。大家都看到了，现在很多妇女都在抽烟，不管在哪里，对于妇女抽烟的问题，人们已经可以忍受，这个例子就非常好。如果我们的社会借它的代理者（比如政治制度、教会、家庭）之手管理每项活动的话，那么，人们就不会对新的社会反应进行学习和实验。这两年以来，妇女社会地位的明显变化，大家都是有目共睹的，婚姻已经对妇女越来越没有约束力；更多接受过教育的人，也在一步步挣脱教会的掌控，所以教会的掌控力也下降了不少等。当然，控制如果削弱太快，一定是会有风险的，而行为新形式也会因为新方法没有经过彻底的实验就予以接受，而过度停留在表面。

4. 建立消极反应就是体罚吗?

家庭和学校中的儿童，经常遭到体罚，有关儿童遭受体罚的议论，人们也时常会听到或加入其中。我觉得我们的实验把体罚的问题解决了，而且，我觉得处罚这个词语就不应该出现在我们的语言中。

可以说，很久以来，我们就有了处罚肉体的历史。而现代社会因为受教堂中古老的受虐狂实践的影响，一直保留着处罚罪犯和犯错的儿童的看法。我们必须承认，在我们的生活中，圣经意义上的处罚从来都没有消失，即针锋相对的观点。

对于处罚儿童的行为，我一直都是持反对态度，我认为这种方法非常不好。在老师、法官和父母眼里，真正值得宣扬的，他们觉得有意思的或者一定有意思的，只有创建和团体行为相符的个人行为。行为心理学家在我们看来，才是真正意义上的决定论者，他们秉承着成人或孩子都必须做他职责以内的事的观点。让一个人先缺乏教养，再变得有教养，是让一个人有不同的行为表现的仅有的一个办法。我们都知道，很多儿童和成人的行为，是不符合家庭与团体建立的行为准则的，或者是反其道而行之的，而之所以会出现这样的结果，原因就是他们在成长过程中，没有接受到来自于家庭和团体的完全训练。而人的成长是一辈子的，所以也应该一直坚持社会训练。因此我们说，一个正常人走偏了，其行为和社会行为准则背道而驰了，原因就出在家庭、老师和团体中每个成员的身上。

现在我们再来对鞭打和打斗这一话题进行探讨，我觉得这样的行为不可饶恕!

第一，我觉得就是因为孩子的行为和社会常规不符，所以才遭到父母的体罚。即，先有孩子的行为，然后才有父母的体罚，通过这种不科学的过程，是没办法建立条件反应的。有些父母往往会有这样的观点，孩子白天做了错事，到了晚上就应该好好教训他一顿，这样孩子才会长记性，以后才会遵守规矩。说起来，这种想法真是让人匪夷所思，我觉得也是极其荒谬的。其次，我们的司法和一些法律的处罚方式也是非常荒谬的，那就是为了让犯罪行为不再发生，可以在一年中犯罪，然后处罚要等到一年或两年以后再实行。

第二，事实上，父母或老师对孩子进行体罚，是为了发泄情绪。

第三，当孩子的行为和社会常规不符，父母便会对孩子进行鞭打，以此让孩子受到教育。可是，很难掌握体罚的力度。要么太柔和了，很难起到建立条件化的消极反应的刺激程度；要么太强烈了，严重损害了孩子的内脏系统；要么，为了把一种消极反应必需的科学条件建立起来，每次和社会常规不符的行为并不都要遭受处罚；要么，时常体罚孩子，会完全失去体罚的作用，让孩子养成习惯，当个体在面对不愉快刺激时，会形成积极反应中的一种病态反应，也就是“受虐狂”心理状态。

既然如此，消极反应又如何建立起来呢？也许大家都和我一样，对这样的事实深信不疑，那就是家长会阻止孩子吮吸手指、拧煤气开关，或者打开水龙头。而且他们阻止的方式非常客观，这种客观就如同行为心理学家对某种特定的物体建立一种消极的或退缩的反应时，所采取的方式一样。在我们的社会，包括群体和父母亲，通常很少体罚稍大一些的孩子，大多数情况下，都是告诉他“这样做是不对的”。我也知道对孩子说“不”是必需的，可是我依然渴望有那么一天，我们会创建另外一种环境，让孩子和成人之间必须建立的消极反应下降。

家长也进入了建立消极反应的系统中，让消极反应系统成为惩罚制度的一部分，这是一个不祥之兆。很多孩子长大以后，都对自己的父母特别是父亲怨恨不已，就是因为父亲小时候经常对他们实行体罚。因此，我希望将来可以开展这样一项实验：在桌子上安装电线，当孩子用手触摸玻璃杯或玻璃花瓶时，会因为触电而缩回手，从此离那些易碎的东西远远的，这样就不会因为把东西损坏了，而遭到大人的体罚。而孩子拿自己的玩具是正当行为，是不会被电击的。我是想说，我希望可以找到一种方式，让物体和生活场景之间有自己的消极反应。

5. 内在的消极反应和生命的存留

我现在想跟大家探讨这样一个问题，那就是当一个人身陷困境时，比如说一直处于饥寒交迫的状态、被抛弃、遭受虐待、被误会，以及其他原因觉得难过和伤心，还要继续活下去是因为什么原因？社会学是没办法回答这个问题的，显然也很难用积极反应的理由做出合理的解释，无论这些积极反应是什么，有多少。在我看来，身处那么恶劣的环境下，人们依然活着，原因就是无条件的和条件的消极反应，使得人们在正常的条件下，不可能采取积极向上的手段，来让我们的生命走向终点。

我们也许会对自己进行乔装打扮，用哀婉的语言对生活和爱情的乐趣津津乐道，沉醉其中。可实际上，大人从小就告诉我们，自杀是有罪的。我们从小就知道，要离毒品和尖锐的器物远一点儿，即，对于所有有可能会对我们的身体造成伤害，以及给我们的生命造成威胁的物体和场景，我们很早就建立了消极反应。这些恐惧反应是从小就形成的，它不同于我们探讨的温柔的消极反应。可以这么说，以死亡为核心建立的条件反应为数众多，因此只要看到或听到“死亡”这个词，就很难让我们产生对待死亡的任何一种积极反应。因此，我们说，一个正常人不管处在什么样的环境下，都不会选择自杀。当个体患病，因为各种原因，也许会让机体失去生存的斗志，这时，他很有可能会选择自杀。鉴于此，我们可以这么说，自杀一直都是病理性的，是个体组织生活运行不下去了。当然也有特殊的，我们的这种观点放在日本人身上就不合适了。日本人对自己的名誉非常看重，所以，只要名誉被损，他们可能会马上自杀。尽管人们整天说“自我保护”源于人的本能，可实际上，并不是情绪、本能或其他非习得反应使人类产生“自我保护”定律。尽管从一来到这个世界，人们就产生了消极反应，可是那种情况极其少见。对于人们来说，很少有这些本能的消极反应，不会对个体的保护起到太大作用。而其他所有反应，都是以社会为媒介建立起来的。可是，我们的生命之所以可以得到保证，就是因为存在很多无条件反应，形成了消极的条件反应的过程。即，当人类遭受厄运时，依然可以生存下去，就是因为这些内在的消极反应。

6. 面对“词语”的反应

有关词语反应方法的著述，这个世界上有不少，在解释这一问题时，其本质是从这样的假设而来：一般情况下，在对待言语刺激时，我们可以用快速准确的言语反应。就如同我们玩这样一个游戏，游戏规则是我把一个词语说出来以后，你用另一个词语（可以是任意一个词）做出反应，而且速度要快。如果我说“猫”，你也许会不假思索地说出“老鼠”；我说“父亲”，你立刻就会说“母亲”。可是，假如你上次到巴尔的摩旅行遭到情人拒绝这件事，我早就知道了，因此在刺激词的表格中，我把“巴尔的摩”这个词填进去了，那么，当这个词出现在你的眼前时，也许你的反应就不会那么快速，你也许会有如下几种反应：（1）闭口不言，也就是不做任何反应。（2）把反应时间往后拖。（3）也许会低声地给出反应，也许会大声予以回应。（4）快速做出反应。（5）反应的同时，也许还带有像脸红、低头、大笑等其他反应。

我们不需要过多讨论这种方法，因为它太复杂了，在这里，我也不想对它在精神分析中所起的作用进行探讨。我们已经试着在警察的工作中运用它，目的就是对情绪不稳定的嫌疑犯加以确定——当时，他正在反应那些有关罪行的词语。可以这么说，这种方法对于罪犯坦承自己的罪行是有一定的帮助的。嫌疑犯其实很害怕这种方法，在他们看来，这种测试可以对他们有罪的事实加以证明。

这种方法并不适合于所有领域，人们也愈加相信这一点。而我觉得我们做出反应的习惯，就源于我们对那些言辞的组织。也许这么说，大家会觉得很拗口，那么我们来举个例子。如果我是一名在工厂里工作的工人，我可以自如地使用工厂里的很多工具，不需要加以研究。可是可能有一件非常常见的工具，像一把弯头凿子，我以前从来没用过，那么我也许就要研究一下应该如何使用。可是无所谓，它们都属于木制工具，我很了解它们的使用方法。事实上，词语和工具也是一样，假如你还需要考虑使用哪些反应词，就表明刺激词你用的次数不多。

人们会采用这种方法在心理学方面做一些有意思的事情。举例来说，现在我把 6 个人和我的一名助手送到房间外面，我的助手会把一张卡片随意给其中一位，之后让他到对面的图书馆去向那里的一位姑娘求婚。之后，我们测试了他们6 个人，并快速找出那个求婚者。助手会提前跟那个拿到卡片的人说，让他隐瞒自己的求婚行为。在这项测试中，在剩下的 5 个人中，会有几个人声称自己见过那张卡片，有几个人会说没有见过，我想我是可以猜出来的。

事实上，在这里，我想告诉大家的是，在侦破刑事案件时，或是研究精神病例时，如果以不太精准的知识为依据来进行推测的话，必然会遭遇滑铁卢。因为我们也许没办法全方位了解罪犯曾经的情绪场景，因此要想形成一组关键的刺激词就不太容易。正是考虑到这一点，我才觉得在精神病学和犯罪学方面，这种方法并没有太大的实用价值。

此外，还有其他一些方法可以用来研究情绪，可是因为它们的技术性质和所得到的结果并不尽如人意，所以，我们就不考虑它们的价值了。

对于人类情绪生活的方方面面，我们做的研究可以说是多如牛毛，在这里也把我们的观点向大家阐述出来了，那就是人类的情绪生活的基础是环境对人的摧残。这一过程直到现在依然被偶然性所充斥，没有经过社会的审视，人类的种种行为方式就发展起来了。我想，我们所有人都会对这样一种结果表示相信，那就是我们可以通过有序的方式来建立我们的情绪反应，一旦社会把建立的方式找到了，就可以通过特定的方式，把它们建立起来。也就是说，即便不能对建立的过程有全面的了解，最起码也可以对其中的一部分有所了解。此外，在我看来，你们肯定也会认可，当我说我们正在对它进行理解，而且只要建立起来，我们会如何成功地消除掉它。实际上，我们大家都很想知道这些方法怎么持续发展下去，即，在我们中间，很多人都希望废除掉我们身上像孩童一样的爱、怒或恐惧。这些方法可以让我们采取自然科学的方法，来对情绪疾病加以处理，进而把让人诟病的和正在消失的非科学方法——精神分析法给替换掉。

我还想多说一句，在用词上，行为心理学家对自己提出的观点，是不是要非常小心呢？行为心理学家得出结论的依据是为数不多的案例，他们的实验资料也确实不多，可是这些都不是问题，将来都可以加以补充。我想，如今的人们只要头脑正常，就会把那些落后的内省方法抛到一边了。

7. 行为和情绪的奥妙关系

过去几年间，德国的贝努西、哈佛大学的伯特和马斯顿、伯克利警察学院的 J. A. 拉森进行了一项颇有意思的研究。他们仔细观察和研究了罪犯在说谎时所表现出来的一些特征。结果表明，当罪犯尝试着掩饰自己的罪行时，即当他说谎时，其血液循环和呼吸都会不正常。这项研究成果会极大地帮助那些办案的法官和警察工作者，这是毫无疑问的。虽然这些学者不会在法庭上阐述他们的测试结果，以此作为认定罪犯是否犯罪的一个关键性证据，可是这些研究者认为，他们给罪犯坦承自己的罪行开辟了一条光明大道。

我们很多人都在医院测量过血压，所以非常熟悉医生的操作。医生在给我们测量血压时，先在我们的手臂上缠一条中空的带子，然后打气量血压。如今不但有对血压进行测量的仪器，还有对心跳形式、心率变化，以及其他情况进行测量的仪器。在最近几年的研究中，伯克利警察学院的拉森就把在黑皮纸上记录血液循环变化的仪器派上用场了。

拉森还把呼吸描记器运用到了测谎研究中，它可以让实验者把呼吸变化记录下来。呼吸描记器可以显示出实验者的呼吸曲线形状，其中就有呼气的时间、吸气的时间，以及振幅的改变等。

那么通过这些仪器，是否真的可以对一个说谎的人进行测试，并用得到的数据来认定他有没有说谎呢？为了得到更加精准的答案，我们继续进行了分析。在测试这项研究以前，我们先用仪器测试了被测试者，得到了一组正常的呼吸记录和循环记录。稍微休息一会儿以后，我们开始询问他们，询问的都是一些非常乏味的问题，被测试者也只需要做出非常简单的回答——他们只需要回答“是”或“不是”就可以了。假如被测试者只需要回答一些非常简单的问题，而且其处于非常清醒的状态中，那么他们的血压和呼吸曲线都会比较平稳，即，没有什么异常。可是，换一种场景进行测试，结果又会如何呢？

讲课之前，我先在讲台上放了一袋珠宝，下课以后，有 6 个人过来向我提问，等他们都离开以后，讲台上的珠宝也随之不翼而飞了。于是，我把刚刚向我提问的 6 个人都叫了回来，并询问他们有没有看到那袋珠宝，6 个人都声称自己没有注意，更没有拿过。那么这时，我打算把这 6 个人的呼吸和循环变化都通过仪器记录下来。其中 3 个人非常急切地想要开始测试，以证明自己的清白，而另 3 个人却拒绝这样做。虽然他们反应不一，可是，我们也不能单从表面就做出决断，同意检测的 3 个人就一定没拿珠宝，而小偷就一定在那剩下的 3 个人中。因此，我打算把这几个人的呼吸和血压都通过仪器检测并记录下来。于是，我把这几个人都带到了测试室，之后他们非常惬意地坐下来了。一切准备停当以后，我并没有马上开始测试，而是先放了一会儿音乐才开始询问。我并没有直接切入主题，而是就一些不相干的事情向他们提问，偶尔会涉及和偷窃相关的话题。比如说，我会这样问他们：（1）你愿意接受测试吗？（2）你有抽烟的爱好吗？（3）你喜欢看电影吗？（4）喜欢演讲吗？（5）你拿了那袋珠宝吗？（6）你刚才是不是没有说实话？（7）你喜欢赌博吗？（8）你有被警察抓到过吗？对于我提出的每一个问题，他们都必须用“是”或“不是”回答我。

在上述情形下，没有说真话的那个人的血压上升得很明显，呼吸曲线也有显著的改变，这是毫无疑问的。可是一般情况下，和呼吸方面的记录相比，更让人点头称是的是血压方面的记录。拉森指出，加利福尼亚警察在侦破刑事案件时，这一测试方法起到了非常显著的作用。他说：“现阶段，在实际办案中运用这种测试方法，让罪犯在如实交代罪行前，从清白的嫌疑犯的记录中再次进行挑选，极有可能把犯罪记录找出来。而且，这种做法取得了非常明显的效果，可以说，有 9 成案例的破获都得益于这一方法。剩下的那部分之所以很难确定下来，主要原因是嫌疑犯要么不见了，要么不肯如实交代，要么有其他的原因。”当然，在让这项研究成果得到人们的认可以前，我们要做的工作还不少。

第十章

言语与思维：行为心理学中的思维分析

之前我给大家介绍过这样一个事实，那就是我们人类在诞生之初是非常柔弱的，大家应该还有印象。在这方面，人类完全无法比拟其他任何哺乳动物。我印象很深，当时我说到这一事实时，还举了年幼的猴子这个例子。相比我们人类的婴儿，虽然年龄一样，可是二者却有截然不同的表现。1 岁的猴子可以在树林中自由活动，上蹿下跳，找机会把父母的食物偷走，而 1 岁的孩子呢，还只会从母亲的怀里得到食物。可是，人类却通过后天习得的动作习惯，迅速把其他动物甩在后面。虽然人类没有去学习跑得更快的秘诀，也没有去学习让自己的力量变得更强大的方法，可是却驯服了跑得更快的灵犸和鹿、拥有强大力量的马和大象。

人类就是因为把怎么创建和使用“动作的装置”这个更重要的东西学会了，才做到了这一点。我们人类先是懂得了使用木棍，然后明白了弹弓的使用方法，从而知道了如何更快地把石头发射出去。后来，石头经人类之手，变成了尖利的石器，再往后，弓箭也被制作出来并加以使用，从而把那些跑得非常快的动物给抓获了。后来，人类又学会了取火，采用青铜和铁打造出更加锐利的刀子。之后弯弓又被制造出来，再后来出现了火器。以上描述告诉我们，人类具有非常厉害的操作技术，可是，获得动作灵巧性的可不止人类一个。经过训练的大象，可以对卡车上的木料进行装卸；训练有素的猴子，可以自如地使用门闩、细绳等。黑猩猩经过训练以后会骑自行车，在十几个瓶子组成的长行中自如穿行。经过一段时间的学习，它还会取下瓶塞，从瓶子里喝水。而且，它还知道怎么点烟，打开门或锁好门等，还有超过几百种的其他事情，它都会做。

1. 语言和器官

从这一章开始，我们先来对语言进行必要的认识。语言本身是很复杂的，可是起初，它都是一种非常简单的行为，即便再复杂。语言其实就是一种动作习惯。可能大家会提出质疑，可是确实如此。在亚当的智慧果那个级别，有一个被叫作“喉”或“音盒”的小型器官位于我们咽喉的位置。这一器官有一个主要由软骨构成的管道，从这个管道穿过去，两片结构简单的膜（膜状的声门）就在这里延伸着，声带就形成于它的边缘。而当我们从胃里把空气排出去时，在对它进行操作时，是通过和它连在一起的肌肉来完成的。我们可以对它的结构进行一下这样的想象，它就是在我们嘴唇之间夹着的，让空气流通的芦笛。我们把声带扯紧，以对其间缝隙的宽度进行改变。通过这一缝隙，肺部的空气排出去了，引发了声带的震动，这时发出的声音就被我们叫作“嗓音”。可是发出这一声响时，另外几组肌肉也没有闲着，分别对咽喉的形状、舌头的位置、牙齿的位置和嘴唇的位置进行着改变。喉部上方的口腔和喉部下方的胸腔，无时无刻不在对形状和大小进行着改变，进而改变了音量、音的特点（音色）和音高。婴儿的第一声哭声发出来时，这些器官就都开始活动了。当婴儿把非习得的声音和“爸”或“妈”发出来时，这些器官又开始活动了。

我们在对手和手指的运动进行研究时所看过的图景，大家还有印象吗？

事实上，它们的差异并不是很明显。

2. 形成言语习惯

当婴儿大约四个月大时，就可以伸手把物体抓到手里，通过一段时间的特殊训练过后，五个月的婴儿就可以充分发展这种习惯。可是，婴儿还要更晚一些才能开始首次发声习惯，而且发展较慢。通过观察，我们发现有些孩子都有十八个月大了，任何常规类型的语言习惯都还没有形成，而有些孩子十二个月大时，就已经形成了众多的言语习惯。

那么，婴儿形成简单的言语习惯，究竟是从什么时候开始的呢？为了对这一问题进行研究，我和妻子在 B 身上做了实验，试着在他身上形成简单的言语习惯。B 还很小时，我们已经开始对他的妒忌行为加以解决。B 于 1921 年 11 月 21 日出生，当他 5 个月大时，已经显现出了这个年龄的婴儿必备的所有技能——可以咯咯地发声，并发出“ahgoo”“a”和“ah”的变音。B 从 2 个月大时开始用奶瓶喂养。考虑到这一点，从 1921 年 5 月 12 日开始，我们就将这个音和奶瓶关联到一起。我们的实验过程是这样的：先让婴儿吮吸一会儿奶瓶，然后把奶瓶拿过来，由我们自己拿着，然后就在他面前站着。这时，他开始变得焦躁不安，身体向前缓缓移动着，腿胡乱蹬着，而且想要把奶瓶抓回去。我们大声发出“da”的音，一连 3 个星期都对他进行这样的刺激。当然，在进行这种刺激时，我们会把奶瓶给他，当他抽泣时。1922 年 6 月 5 日那天，当我们一如往常，手执奶瓶站在他面前，并发出“da”音时，他发出了“dada”的词音。这时，我们立刻递给他奶瓶。经过这段时间的连续刺激，大家肯定发现了，他的变化非常明显，可以发出“dada”声了。我们把这个过程在那种场景下连续做了3次，每次他的反应都是一样的。为了对他的反应进行深入观察，我们又接着做了5次同样的实验，而且没有给他刺激词。最后，为了把奶瓶拿回去，他竟然把“dada”一词说出来了。在一次实验过程中，他竟然把这个刺激词的声音连续说了几遍。我们在接下来的几个星期里，又持续观察他，发现已经很容易刺激他做出这种反应了，就像刺激其他任何身体反应一样。在实验过程中，我们发现，在某些场景下，假如我们把玩具兔拿给他看，他也发出了“dada”的声音，可是，这种情况在换成其他东西以后没有发生，这说明言语反应基本上只限于这种刺激。

1922年6月23日那天，我们发现了一件很有意思的事，而且非常令人兴奋。那就是婴儿B发出了他从来没有学习过的其他种类的声音，像“boo-boo”和“bia-bia”以及“goo-goo”。当他发出这样的声音时，他没办法继续发出“dada”的声音了。他可以快速发出很多其他的声音，可是在这个过程中却一直没有发出“dada”的声音。可是到了第二天，“dada”的声音很容易就从他的嘴里冒了出来。7月1日那天，他又让我们着实惊喜了一次，他突然发出了“dad-an”的声音，而且是在我们没有给他任何刺激词的情况下，不过“dada”他也没有忘记，偶尔还会发出来。B的现象引发了我们的思考：假如我们一开始就打破了婴儿的哺乳习惯，而且观察其是在什么情况下发出“dada”的声音的，并马上把奶瓶递给他，那么他是不是可以更快地形成这种习惯呢？我觉得有非常大的可能。而我们在实验一开始用奶瓶喂养他时把刺激词“dada”高声告诉他，引起他的反应，效果是不是并不明显，是值得探讨的。为了让大家更深入地了解我的观点，我也可以换一种方式说，即对于这样一个问题，我有不同意见：在婴儿早期阶段，是不是可以模仿任何言语？尽管后来这种所谓的模仿也出现过，可是大部分情况下，也许是我们在模仿孩子，而不是孩子在模仿我们。当这些声音形成了条件反射，那么我们就可以断定，对于整个语言来说，它是“模仿的”。这么说的理由是什么？在社会沟通中，一个人所说的话，会刺激到另一个人引发相同的或不同的言语反应。

到第一百五十天时，我们这一阶段的实验就画上了句号。当时，我们大体上建立了对婴儿 B 伸手抓物和对应于其习惯的一种有条件的发声反应。可以说，到第一百五十天时，这种反应的表现已经非常完美了。

3. 慢慢发展的语言

建立了条件反射的言辞反应部分以后，就开始形成短语和句子的习惯了。可是这对建立单词的条件反射并不会造成影响。即，它会继续进行，这样才能同时发展各种单词、短语和句子的习惯。

1923 年 8 月 13 日，也就是 B 在 1 岁 7 个月零 25 天时，我们在 B 的身上首次发现他把两个单词连起来了。事实上，在这一现象没有被我们观察到以前，我们就想过他的单词条件反射的形式，也就是当 B 对 52 个单词都非常熟悉了的时候。在他 1 岁 6 个月零 25 天时，我们给他设置了两个单词相连的语言形式，像：“喂，妈妈”“喂，爸爸”等，可是没有达到我们意想中的结果。而到了他 1 岁 7 个月零 25 天时则不一样了，他的母亲要他跟爸爸说再见。他母亲这样告诉他：“跟爸爸说再见。”“再见 da”，婴儿 B 学着母亲的样子说“bye”，可是并没把“da”这个词立刻发出来，而是在迟疑了几秒钟以后，才发出“da”这个词。他母亲闻之很兴奋，大声表扬了他，并温柔地抚摸了他。后来，也是在那天，迟疑了几秒钟以后，他又发出了两个音“bye-bye wow”。2 天以后，也就是 8 月 15 日，我们告诉他：

“喂——妈妈”“喂——露丝”“tata——妈妈”（ta-ta 即谢谢你）。不管在什么情况下，我们都会用两个单词刺激他，以激发他的反应。可是，这次，他却直接把“blea-mama”这个音发出来了，而且没有任何预兆，我们也没有用两个单词对他进行刺激。8 月 24 日那天，看到父亲的鞋，他说“鞋——爸”，看到母亲的鞋，又说“鞋——妈”，他竟然连起了两个单词，而且是在父母没有给他任何刺激的情况下。而在这以后的 4 天内，他会不时地发出以上两个单词，有时还会把一些从来没有建立过的 2 个单词说出来，像“tee-tee bow wow（狗撒尿）”“hehe go-go（当一个小邻居发出这样的游戏声音时）”“mamatoa”“howdo”“awrimama”。而且这些反应的发生是在没有形成任何形式的前提下。当他回到自己的房间睡觉时，这些词也一直在他嘴里念来念去，还高声地、不间断地组合起这些单词。可以说，对于行为心理学说来说，这项观察意义匪浅。

婴儿 B 的两词阶段自那以后，开始突飞猛进地发展，起初，他在和他人沟通时，会像成人一样用句子的方式，可是三词阶段很晚才出现。在这些过程中，也没有新情况出现。

3 岁时的婴儿 B，在没有得到任何刺激的情况下，就已经会非常灵活地运用语言。1 岁时的他还只会说 12 个单词，相当于同龄孩子的平均水平。到他一岁半时，他会说的单词达到 52 个，而这当然比平均水平要低。这种情况的出现，究其原因，就是保育员把他照顾得太好了。所以我认为，有多种因素会影响到单词、词组和句子习惯的形成速度。

4. 人是如何用单词取代物体和场景的？

纵观 1 个和 2 个单词习惯的形成过程，我们发现其非常类似于简单的条件运动反射的建立。比如说，受到听觉和视觉的刺激，个体会缩回手。我们可以再次把我们熟悉的老公式派上用场：

S————————————————R
某种内部器官的刺激　　　　　　　　爸爸
当被条件化时——
于是
寻找奶瓶

在无条件和非习得的刺激下，咽喉、口腔和胸腔等的肌肉和腺体组织会发生某种变化（毋庸置疑，来自于胃或外部环境等的刺激也会引起这些部位的改变）。我们发“爸爸”这个音时，是非习得的反应。即，我们一开始建立的反应和我们的手工行为一样，是非习得和无条件的反应。可以这么说，因为我们并不太了解非习得的声音的反应的基本刺激，甚至基本上不知情，所以，有点懈怠于早期阶段的单词条件反射。相比引发婴儿的非习得反应的刺激，我们要更加了解引发动物的非习得反应的刺激。举例来说，我知道刺激一只青蛙的哪个部位，会让它发出叫声；对于一只狗、一只猴子，我们都可以很容易让它们发出叫声。可是我们要想让婴儿发出“cada”“glud”“boo-boo”或是“aw”，就会像一只无头苍蝇一样，找不到头绪。因此，我们必须去做各种尝试。如果一开始，我们就知道从何下手，那么，我们就可以用单词、词组和句子快速形成那种反应。我们可以关注到幼儿的也只是最接近某个常规性的单词的声音，然后尽可能让它关联到成人中激发那个单词的物体，即让那个物体被它所取代。我想要跟你们说的其实是，我们在那个过程中所做的所有努力，只是尽可能地将他带到他所在的群体的语言环境中。我在前面也说过，因为我们不太了解引发婴儿的非习得反应的刺激，所以做这件事并不太容易。有时候，我们只能用音节来刺激儿童，以引发他对音节的条件反射，进而得到一个完整的单词。这样做还是颇有成效的，因此我们认为，在一个长单词中极有可能存在多个彼此独立的条件反应。这样一来，一个单词就非常吻合于我曾经说过的迷宫学习的情况。可是，虽然是这样，我仍然坚信，我们有各种反应的单位存在于婴儿发出的非习得的声音中，当条件反射把它们联系到一起时，就形成了我们字典中的词。而那些最为杰出的演讲家，在发表最激动人心的演讲时所发出的声音，事实上只是他的非习得的婴儿声音，来自于其成长的每个阶段的耐心的条件反射的相互联系。

言语习惯一开始形成的速度非常慢，而不同于第二级以后成序的条件反射，它们表现出来的是非常快的形成速度。显而易见，对于一个3岁的孩子来说，“妈妈”这个单词是这样被激发的：（1）妈妈出现在眼前；（2）妈妈的照片出现在眼前；（3）妈妈的声音传入耳畔；（4）妈妈的脚步声传入耳畔；（5）印刷体的英语单词“妈妈”出现在眼前；（6）手写体的英文单词“妈妈”出现在眼前；（7）印刷体的法文单词“mere”出现在眼前；（8）手写体的法文单词“mere”出现在眼前。当然，不仅仅包括这些，还有像妈妈的衣服、帽子所带来的视觉刺激。只要建立了这些取代刺激，孩子对“妈妈”的反应就会不同于以往，变得复杂多了。这时，他要想说出“妈妈”这个词时，就可以采取多种方式，语气可以像日常一样，可以用非常大的声音叫，也可以聒噪地说，或是轻柔地说……这些现象都充分说明了“妈妈”的反应包括多个甚至几百个肌肉活动。

也就是说，我们在抚养孩子时，采用的是自己的语言习惯，那么他们就会在言语上形成条件反射。从一个孩子说话时的语调，我们就可以判断出他是来自于南方，还是北方。举例来说，听一个孩子如何说“水”，我们就可以判断出他是芝加哥小孩儿……显而易见，父母的语言我们会学习，父母的语言习惯，我们也会学习。不同种族和地区之间之所以存在语言上的不同，并不是因为咽喉结构不一样，也不是因为基本的非习得的婴儿期反应单位的种类和数量不一样。南北战争结束以后，很多北方人搬到南方去居住，他们的小孩就在那里开始学说南方话，而不是学说新的英格兰英语。同样的道理，假如由讲英语的人抚养一对法国夫妇所生的孩子，那么，这个孩子也会说得一口流利的英语。

此外，假如晚年时的我们学习一种外语，那么我们在使用它时，难免会带有一定的方言。原因就是，机体因为反应的习惯类型而没有了灵活性，即，身体的实际结构因为它们而趋向于稳定。假如一个人总是表现得郁郁寡欢，那么我们难免就会觉得他是一个忧伤、不高兴的人。在这方面，还有一个因素不容忽视，那就是喉部在青春期开始发生变化，变得僵硬，稳定下来的它很难再发出新的声音。

因此，孩子在不断成长的过程中，他会对外部环境的所有物体和场景都建立起一个条件化的词语反应。而他的父母、老师和他所结交的社会上的其他人会给他安排好这一切。可是，对于其他内部环境的很多物体（内脏自身的改变），他却不用做出条件化的词语，这好像有点不可思议。可是道理并不复杂，那是源于父母和其他人对它们一个词语都没有。而内脏中所发生的事，基本上是非言语化的，即便在我们人类中，这个也是如此。

5. 语言有没有“取代品”？

众所周知，人们给外部环境中的所有物体和场景都命名了，这一点极为重要，影响深远。词语不仅可以激发其他的单词、词组和句子，在人类将它们合理地组织到一起时，它们还可以把人类所有的操作行为都激发出来，这是非常伟大的。事实上，这个作用和言辞取代物体是一样的。就如同迪安·威廉夫特只要扮演一个不想说话或是不能说话的人时，就会借助一些物体作为道具，把自己的情感和心理活动表达出来，他会把一只被塞得满满当当的包挎在身上，当他想表达什么时，就从包里取出某种物品，用来取代他想要表达的意思，进而影响他人的行为。如果对于物体和言辞之间的“同义反应”，我们并不了解的话，真的难以想象会出现什么样的情况。可以设想一下，如果你家中的保姆来自于罗马尼亚，厨师来自于德国，管家来自于法国，而你只会说英语，如果这时没有“同义反应”的话，你一定会在一些情况下觉得特别无奈。因此，我们自然就会明白这会多么深刻地影响我们的工作和生活。

从理论本身来说，人类只要有一种语言取代每个物体，他就可以在这种组织工具的帮助下，把他周边的世界装进他的脑海里。当他独自一人待着时，或者在伸手不见五指的房间中休息时，他是可以操控这个语言世界的。正在基于这种操控能力，我们才有了很多发展，也就是有能力操控那些离我们比较远的物体。过去人们的观点是，“记忆”就如同那些玩具匣子里的小人，在我们的心灵之中汇聚，哪怕没有接受到任何刺激，也随时准备跳出来。很显然，这样的观点是错误的，我们需要格外小心。周围的世界就如同存在于我们的咽喉等肌肉和腺体组织里的身体组织一样，被我们随时携带着。无论何时，只要组织遭到适合的刺激，随时都会准备产生作用，那么，这种适合的刺激是指什么呢？

6. 词语形成的最后核心——动觉

不管是建立言辞习惯，还是建立手的操作习惯，二者是没有区别的。只要很多反应（手的操作习惯）以很多物体为中心建立起来，即便很多原始的物体没有出现，我们也可以对整个系列进行反应，这一点，我在前面跟大家说过。为了让大家对这一观点理解得更透彻，我用一个例子来说明。我们大家都了解，很多人首次在钢琴上学习乐谱时，在弹奏时都是用一根手指逐个进行的。如果你就是这个初学者，你正在对“杨基歌”进行学习时，你肯定会这样弹奏它的曲调：先看一眼乐谱，看到音符 G，就弹一下；然后你看到音符 A，你又会按一下 A 键；之后又看到音符 B，你又接着按一下 B 键。对于你来说，这些音符就如同一连串的视觉刺激，它会激发你的反应，而且其组织内容是这一连串的视觉刺激。当你如此练习了一段时间以后（当然是有效练习），即使有人拿走了你的乐谱，你依然可以准确地把它演奏出来。即便到了晚上天黑，你根本看不到琴键时，你依然可以非常自如地把这首乐曲演奏出来，而且一点儿都不亚于白天的表演。这种现象出现的原因是什么，就在于你做出的首个肌肉反应，即你一开始演奏乐曲时，你按下的第一个键把第二个音符的视觉刺激取代了。因此，即便是在伸手不见五指的晚上，你依然可以准确无误地弹奏乐曲。

在言语行为方面，也会出现同样的现象。如果你在看小人书，读到

（你的妈妈会扮演一个忠实的听众）“现在——我——躺下——睡觉”，之后就做出相应的反应，即看到“现在”就做出“现在”的反应（反应1），看到“我”时，就做出“我”的反应（反应2），延续整个系列。不久以后，“现在”这个词被说出来以后，它就成了说“我”“躺下”等的运动（动觉）刺激。这一现象很好地说明了我们为什么可以从这个刺激世界离开，非常顺畅地说出我们听到的或是看到的以前发生的事情。这一旧的言语组织会受到身边其他人的言语和朋友的发问，甚至我们所经历的一切刺激。可是人们却用“记忆”这个词称呼它。

7. 言语习惯的维持

我们大部分人一般情况下所显现出来的记忆，其含义就和以下这种情况很像：突然看到一个多年未见的老朋友的他连声高呼：“天哪，我是不是在做梦啊？这不是西雅图的艾迪生·斯密斯吗？我们好久没见了，上一次见面还是在芝加哥的世界博览会上。温德麦尔的旅馆，你还有印象吗？我们之前常常在那里聚会。博览会中的娱乐场，你还记得吗？还有印象吗……”对于这一过程，心理学就是如此简单地进行解释的。在批评行为心理学的一些言辞中，曾有人说过行为心理学不能对记忆进行完全地说明。那么，事实真的是这样吗？我们一起来看看吧。

这个人一开始认出对方是斯密斯先生时，他不仅看到了这个人，也对他的名字非常熟悉。也许过了一两个星期以后，他又看到了他，而且他还介绍了他自己。不久后，他又一次看到了斯密斯先生，还听到了他的名字。一段时间以后，他们成了熟人、朋友，几乎每天都会见面。即，彼此之间对相同或类似的场景，已经形成了言语和操作的习惯。这样理解也可以，这个人在和斯密斯交往的过程中，在充分组织过后，在反应时采取了很多习惯的方式。如此一来，就只剩下见到斯密斯先生这一个步骤了。只要他们见面了，即便中间间隔了几个月，再看到时也依然可以把他原有的言语习惯激发出来。此外，其中还夹杂着不少其他类型的身体和内脏的反应。斯密斯现在看到他了，激动异常，直接跑到斯密斯面前，把“记忆”的各种迹象都表现出来了。可是，也许在他看到斯密斯时，会发现自己不知道他叫什么。这时，他可能会找一些理由来搪塞：“总觉得在哪见过你，可是一时却想不起来你叫什么。”这时，之前的操作和内脏组织还没有消失（握手、拍肩等)，言语组织虽然还在，可是已经丢失了一部分，这是我们必须承认的，而言语刺激（说出名字）显而易见的重复，将会再次建立原有的习惯。

可是，这样一种情况也是有可能出现的，也许斯密斯先生一直待在其他地方，或者两个人本来就不是太熟悉，（练习时期）交情不深，所以，过了很多年以后，两人再见面时，也许已经不存在那个组织了，包括操作的和言语上的（这三种组织对于一个完整的反应来说，是必不可少的)。你会在你的术语系列中，把斯密斯先生彻底“忘记”。

我们每天所经历的一切，不管是读过的书，遇到的人，还是遭遇过的事情，其实都是以这种方式组织着。有时，这种组织是突然的；有时，这种组织是短暂的；有时，这种组织是来自于老师的教导，像乘法口诀、历史事件一类的事情。在学习过程中，组织的重点会不一样，或者在于操作方面，或者在言语或内脏方面。可是通常情况下，它包括三种组织在内。只要刺激没有间隔太长时间出现，就会不停地重复和巩固这个组织；而如果刺激长时间没有出现，也就是练习的时期消失了，这个组织就会消失或者部分消失。等到刺激又一次出现时，和之前的操作习惯的反应联系到一起，一起出现的还会有名字、微笑、笑声等。这是一个完整的反应，即，“记忆”并没有缺失。我们发现这其中极有可能出现这样的情况，这个组织中的任何一部分会集体消失，或者一部分消失。行为心理学家认为，所谓的一种激情的体验和只是以真实记忆为中心的亲密行为，是指类似于喉的组织和操作的组织一样可以维持的内组织的维持。

所以，我们是这样理解“记忆”的：当我们重新遇到某个消失了的刺激时，我们做了过去习惯性的事情，当然，我们也只是做了这些。比如，把过去说过的话又说了一遍，把过去的内脏——情绪——行为又表现了一遍。即，当我们第一次遇到这样的刺激时，我们是怎么做的，现在我们依然是这么做的。

此外，在这里，我们还要做出解释的是，人们在对很多单词和毫无意义的音节进行学习时，一开始会快速消退，可是以后消退就会变慢。

8. 行为心理学家的思维观

也许你们会认同我上面所说的一切，可是会疑惑我所做的一切：这个人为什么要浪费这么多时间，来对每个人都心知肚明的事情进行探讨？好，那我来跟大家解释一下，我之所以这样做，就是想给你们提供一个背景，不再误会思维本质。

我相信大家终究会放弃对思维的了解，就像我一样，不管大家过去是如何定义思维的，或者现在还想把这方面的哲学书籍拿过来翻阅一下。过去我也这样做过，可是最后我放弃了。那么，思维究竟是什么？也许有人曾经告诉你，思维是触摸不到的独有的非肉体的东西，它存在的时间很短，是一种非常特别的心理现象。行为心理学家觉得人们老是喜欢把神奇的东西和看不见的东西联系到一起。可是，科技日新月异的发展，使得现在的我们可以观察到过去很多观察不到的现象，所以，我们知道民间传说的很多事情事实上都是虚无的。因此，行为心理学家对思维提出了一个自然科学的理论：它属于生物过程的一部分。

在行为心理学家看来，心理学家所谓的思维，其实是自我沟通。尽管支持这一观点的材料包括很多假设的成分，可是它是一个以自然科学为依据，来对思维进行说明的前沿理论。我想在这里向大家证明的是，我们在对这种观点进行发展时，从来没有秉持过这样的观点，那就是喉的运动决定着思维。当然，为了把我自己的观点表达出来，我曾经在过去的论述中对这样的方法进行过应用。

我们有很多证据都显示，当切除了喉以后，其实是不会影响个体的思维能力的。喉可以让清楚的发音大打折扣，可是不会对低语造成影响，因为低语是以脸颊、舌头、咽喉和胸部的肌肉组织反应为依托的，更准确地来说，低语这个组织是在使用喉时建立起来的，在切除了喉以后，这些组织反应产生作用并没有受到什么影响。事实上，对于我们所说的形成喉的大量软骨负责思维（内部语言）这一看法，就好像我们说构成肘关节的骨头和软骨组成了打乒乓球所需的主要器官一样。我的理论是秉承这样的观点，在表露在外的言语中，习得的肌肉习惯往往充当内隐的或内部的言语（思维）的负责人，而且有几百个肌肉组织存在于其中，而个体之所以可以发声或者告诉自己任何一个单词，就是凭借它们。从这里可以看出，语言组织的丰富，也可以对我们表露在外的言语习惯的千变万化进行证明。

众所周知，一个出色的模仿者可以用多种方式表达同一个词组。举例来说，他们在讲一个词组时，可以用男高音的形式，可以用男低音的形式，也可以用女中音、女高音的形式，还可以像一个英语生疏的法国人一样，或者像一个小孩子一样等。因此，我们在表达一个词组的过程中，会形成数不清的习惯，而且千变万化，一点儿都不夸张。而且，个体从婴儿时期开始用手势来表达情形，和用语言来表达情形的作用相比，前者要逊色多了。哪怕是心理学家，也难以掌控生长于这种情况下的繁复组织。而当个体形成表露在外的言语习惯以后，他们也开始不间断地进行自我沟通（思维)。这时，就会出现像耸肩或身体任何其他部位的运动现象，即，出现了新的组合、新的复杂性和新的取代性，而像耸肩这类的现象，就代表着要取代一个单词。于是要不了多长时间，也许身体上的任何一种反应都有可能取代一个单词。

事实上，还有一些其他的观点推动了我们的理论的发展。例如有理论就显示，发生在大脑中的中枢过程具有极其脆弱的特点，于是在这个过程中，神经冲动就无法在运动神经的帮助下传递到肌肉，如此一来，肌肉和腺体中就不会产生任何反应。

9. 给行为心理学家的观点提供支撑的依据

在行为心理学家看来，个体所具有的思维是沉默地沟通，我们通过观察儿童行为，寻找到了大量的证据，才提出这一观点。

在前面，我们曾经提过，当儿童一个人待着时，会自言自语。比如说一个 3 岁的儿童，他甚至会通过自言自语的方式，把一天想做的事情都说出来。他会说出自己的心愿、恐惧和忧愁，也会表达对父母、保姆的怨怼。当然，要不了多长时间，社会将通过父母和保姆的形式，开始阻挠他的这种行为，并跟孩子说，一个人待着时就要保持沉默，还会告诉他，爸爸妈妈从来不会一个人自说自话。于是，表露在外的言语会遭到削弱，最后变成小声嘀咕。可是，儿童的这种小声嘀咕依然会被一个熟练的唇读者捕捉到，把他的观点表达出来。当然，也存在这样一部分个体，当社会干涉他们时，他们并没有妥协，当然就不会受到影响，一个人待着时，依然很大声地对自己说话。可是大部分人一个人待着时则会不一样，即几乎一直停留在小声嘀咕的阶段。可是，因为个体的某些行为会受到来自于社会的压力，所以，在这种情况下，大部分人都要进入下一个阶段，即总会有人这样要求他们："不要小声对自己说话"和"你能默读吗?"等相似的命令。因此，以后这个过程就只能发生在嘴后面了。在这堵墙的庇护下，你可以用最恶毒的名称、最僵硬的表情来称呼一个无赖；你也可以跟一个让人厌恶的女性说，事实上她非常恐怖，之后又一脸微笑地跟她说好话。

此外，聋哑人是用手势和人沟通的，而不是用语言。我曾经在这方面搜罗了不少的证据，这些证据都无一例外地显示，他们确实是用手势来交流的，而且沟通和思维时所用的手势反应一样。博林学院和曼彻斯特收容所负责人塞缪尔·格里德利·豪博士，曾把一种手语教授给一位名叫劳拉·布里奇曼的人。这个人是聋哑人，而且眼睛也看不见，可是他学习手语以后，就可以用最快的速度用手语和自己说话，哪怕是在梦中都是如此。

想要找出很多证据来对这一观点进行证实，着实不太容易。这些过程太细微了，和呼吸、吞咽、循环等过程不一样，后者一直处在运动状态，受它们的影响，比较细微的内部语言也许会变得不清晰。可是，从当前的研究来看，还没有出现一个可信度更高的理念，即和从前的生理学事实相吻合的其他观点。

可以让大家心悦诚服的观点，当然是以事实为前提，而不论这个观点是谁提出来的，观点的性质如何，即，大家最感兴趣的依然是事实，我们也是。假如事实证明我们现在的理论是有失偏颇的，那么行为心理学家愿意舍弃它。可是，假如这种情况出现了，那么，要一并舍弃的还有和运动行为相关的整个心理学概念，也就是和感觉刺激一块出现的运动行为。

10. 什么时候我们会思考？

在试着对“什么时候我们会思考”这一问题进行解答前，我先请大家回答一个问题：什么时候，你会用你的躯干、四肢等来行动？你会这样告诉我：“当我所处的场景不合适，想让自己挣脱时，就会用四肢和躯干行动。”在前面，我曾经告诉过大家，当个体的胃急剧收缩时，个体就会朝冰箱走去，找吃的东西。或者在睡觉时，当街灯的光线照进屋子，影响人睡觉时，个体就会爬起来朝窗户走去，把一张纸贴在缝隙处，以阻挡街灯的光线。此外，我还想问大家一个问题：什么时候，我们会用喉部的肌肉来做表露在外的活动，即，沟通和低语会在什么时候出现？当然是在场景需要我们这么做时，也就是当我们位于某一场景中，只有声音才能帮我们离开这一场景时，我们就必须把沟通和低语派上用场。就如同此刻，我给大家讲授课程，就需要通过言语这种方式，要不然 50 美元的讲课费，我是别想要了。假如我掉到水里了，不用言语大声发出声音，那么就别想吸引他人前来帮助自己摆脱困境。或者当有人向我发问时，我必须回答他，这是文明和礼貌对我提出的要求。

看上去，我说的这些都一目了然。那我们继续对一开始的话题进行探讨，那就是“什么时候我们会思考？”我希望大家牢记一点，我们所具有的思维是沉默地沟通。处在一个不合适的场景中的我们，为了摆脱这一场景，会把我们的言语组织沉默地派上用场，这就是我们的思考。在我们的生活中，这种现象随处可见。我想在这里给大家举一个例子：一天，R 的老板告诉他："如果你走进婚姻的话，你也许会更稳定地待在这个群体中。你怎么想？我希望你会告诉我答案，在你离开这间屋子以前。因为，不是我开除你，就是你走进婚姻。"R 听到老板这么说以后，小声嘀咕着。尽管他想把自己的个人生活告诉老板，可是他不能那么做，要不然就有被开除的危险。此时此刻，运动行为明显不能帮他逃离困境，他只能想其他的办法，成竹在胸以后，才能把自己的想法跟老板说——是走进婚姻还是不走进婚姻，即做出一连串无声反应中的最后的表露在外的反应。毫无疑问，我举的这个例子中的 R，面临着严重的问题，在我们的生活中，其实无声语言遇到的场景并不是都这么严重。举例来说，这样的事情我们就经常会遇到，有人会这样问你："下周四我们一起吃午饭，好吗？""你能把 1000 美元借给我吗？"等等。

11. 我们的思考方式是怎么样的？

以我们的思维理论为依据，我想给大家提几个这样的界定和观点。

我会告诉你们："思维这一术语把所有沉默中的言语行为都包括进去了。"听到这句话，你们也许会提出这样的质疑："刚刚你还告诉我们，很多人的思考方式都是发出声音的，甚至还有更多的人一直停留在小声嘀咕阶段。"我想解释一下你们马上会提出的质疑：从思维定义的角度来说，它根本不是准确意义上的思维。在这种情况下，我们只能这样定义，他在发出声音，把他的言语问题表达出来，或者低声对自己说着什么。当然，我之所以这样说，并不是想说，说出声自说自话或小声嘀咕的过程不同于思维的过程。可是，大多数人在思考时，都是以思维的准确定义为依据的，考虑到这一点，我想跟大家说一下我们所了解到的和思维相关的所有事实。当然，这些事实的得出，都是源于我们观察的结果。这个“结果”，是个体最后表达出来的语言（结论），或者完成思维的过程以后所采取的运动行为。而我们为什么一定要假设有多少种不同的思维呢？我想通过下面的标题，就可以把所有思维的形式都提出来。

首先，言语的沉默应用已经形成了一种固有的习惯。比如，如果我这样问你：“What is the last word in the little prayer ‘Now I Lay me down to sleep’?”假如这是你第一次听到这个问题，你只是自己试着回答一下，便把单词“take”说了出来。那么，你对原有的思维习惯进行环顾，事实上就如同一个颇有造诣的乐师对一个熟悉的曲段进行回忆，或者一个把乘法口诀背得滚瓜烂熟并大声把它说出来的儿童一样，“你只是内隐地对你已经掌握的一种言语功能进行练习。”

其次，当场景或刺激引发了被很好地组织的内隐言语过程的地方——我并不是说，其已经非常好了，可以直接产生作用，而不需要学习或重新学习，就可以出现一种稍微不一样的思维。我想在这里给大家举一个例子，以方便大家理解。你们当中，应该很少有人可以马上心算出 333 ×333 的结果，或者说根本没有人可以做到，可是大家却都非常熟悉心算。要想算出这道题目的结果，不需要把新的过程和步骤考虑在内——并不要求这个，大家只需要把很多低效的言语运动派上用场，就可以把结果算出来。即，对这种题目进行计算的组织都没有消失，只是反应没有那么快而已。而大家必须经过练习，才能既准确又迅速地算出答案。经过两周的练习，你们就可以快速回答出三位数和两位数相乘的结果。我们在这类思维中所拥有的东西，类似于在很多运动行为中所拥有的东西。我相信，几乎每个人都会做洗牌和发牌这样的事。如果我们曾经在一个较长的时间段内，把玩牌学会了，而且已经非常精通了。现在，几乎两年没有碰过牌的我们有机会来玩一次桥牌，这时的我们，在洗牌和发牌时动作明显就没有那么干脆利落了。而如果我们想再次达到精通的地步，就必须再经过几天的练习。同样的道理，在这类思维中，我们正在通过内隐的方式练习一种我们从来没有完全得到，或者因为较早得到而导致丢失了记忆中的某些东西的言语功能。

再次，还有另一种曾经被叫作“建设性思维”或“计划”等的思维。因为它总是关系到和每个首次尝试拥有相同数量的学习，所以才会这样。也就是说，在首次和一种新场景面对面时，它所产生的思考。所以，这里是一个新场景，即，也许对我们来说是崭新的任何一种场景。当然，我还要举一个例子，即和新的思维场景有关的例子，来解释这个问题，可是在这之前，我要先举另外一个例子——新的操作场景的例子：我用一个布条，把你的眼睛蒙上，之后递给你一个机械玩具，这个玩具包括 3 个连接在一起的环，那么，我的问题来了，你们要分开这几个环。要想解决这个问题，你只需要尽可能地运用你以前所有的操作组织就行了，不需要动用多少思维或“推理”，而发出声音或小声嘀咕根本就不需要使用。你可以使劲扯环，采取多种方式对它们进行翻转，这样，也许你忽然就会滑开环环相扣的连接点。这种场景就如同一个人的尝试，我们早已明白，当一个人首次成为有规律的学习实验中的一员时，就会表现出这样的行为。

当我们置身于一个新的思维场景中时，要想挣脱那样的处境，就必须像上面所举的例子那样去做，其实我们时常身处这样的思维场景。接下来，我再给你们举个例子：

你一个朋友告诉你他正在创办一家新企业，希望你能加入，所以请你从你现在的职位上离开。他告诉你，假如你成为这个企业的合伙人，会得到远大于现在的收益，并最终自立门户。你的这位朋友人品很好，敢于承担责任，而且有非常丰富的金融知识，也有能力说服别人加入自己的事业。因为你的这位朋友还要去拜访其他人，所以，他把他的想法和意见都跟你说了以后就走了。临走前，他希望你好好考虑一下，然后1小时后给他回复，告诉他你的决定。我相信你一定会考虑你这个朋友的建议。因此，当你朋友离开以后，你一定会在“去”和“不去”间纠结，在屋里来回走着、抽烟、扯自己的头发，甚至还会流汗。你在逐步完成这个过程，因此，你的身体在这1小时以内会始终处于频繁的活动状态，可是，你的喉部机能的机制才是在这个过程中对你的步速起到决定性作用的东西，即，最主要的就是它们。

我在这里要申明一点，在这类思维中存在一个很有意思的事实：通常情况下，如果遇到这种新的思维场景，或者它被处理掉了，我们就不需要再用相同的方式去和它们碰面。“这种情况只会发生在第一次试着学习时”，而且它类似于我们的很多操作场景。举例来说，我开车到华盛顿去，可是我却几乎不了解小汽车的内部结构。在行进的过程中，小车出现问题停了下来，我下车修理了好长时间才把它弄好。车子又行驶了50英里，再次出现故障停了下来，我再次碰到了该场景。有时，我们会在现实生活中遇到这样的情况，即转换场景，可是场景总会有差异，总会有不一样的地方(除了这样一些场景，比如，我们得到像打字或其他技能活动的特有功能)。把我们挣脱这些场景的曲线描绘出来，当然不同于我们在实验室里的学习，可是，我们日常的思维活动确实会采取和它一样的方式，因此我们才说，复杂的语言场景的解决方式往往只有一种，那就是思维。

我刚刚所描述的复杂思维的进行方式是以内部言语为依据的，我这么说要用什么来证实呢？众所周知，我们的结论都是从实验得来的，当然，实验也对这个进行了验证。我要求在实验中被试者出声思维，于是，他们将言语派上用场，遵照我的指示去做了。毋庸置疑，其他一些辅助的身体运动也在这个过程中出现了。我发现，从心理学层面来说，他们的言语反应行为非常类似于老鼠跑迷宫的行为。在前面，我跟你们讲过，老鼠跑迷宫都会有些什么样的行为反应，那个过程大家应该还有印象，即一只老鼠从迷宫的入口处出发，它走得很慢，当来到畅通无阻的通道时，它快速奔跑起来，一不小心就跑到死胡同里去了，这时，它开始朝起点走，而不是继续寻找食物。大家把这一过程记好，然后，问被试者一个问题，让他跟你说某个物体的功能，要提醒你注意的是，对于被试者来说，这个物体必须是不熟悉的、崭新的、复杂的。你要求他出声地解决它，即说出每个步骤。你们可以注意观察，他在进入每个可能的言语死胡同时，是不是处于纠结的状态，找不到方向以后，原路返回，希望再给他一次机会，或者让他看看物体，或者请你们再重复一遍你们原本就准备跟他说的和这个物体相关的所有事情，直到最后他决定舍弃它，就如同老鼠把迷宫的难题放到一边，在迷宫里睡大觉一样，或者知道了如何解决。

可能对于我的这个观点，有人会提出质疑，他们会说，因为老鼠得到了食物，所以自己是什么时候把问题解决了的，它非常“清楚”。那么现在说到人，人把问题解决掉，又是什么时候知道的呢？事实上这是个非常简单的问题。在前面，我们给大家介绍过那个用纸把光线挡住的人，当他把一张纸贴在板缝处以后，光线就被挡住了，这时他就停止了往板缝上贴纸，原因是什么？因为“刺激他，使他运动的光线消失了”。对，就是这样，一点儿都不复杂。这也正是思维的场景：在某个场景中，只要存在因素（言语的），它就会刺激个体，使其产生更深层次的内部言语，所以，就可以继续这一过程。当然，如果在这个过程中，个体毫无所为，那么就无法得到言语的结论。可是如果问题被搁置了，那么第二天就必须继续了。

12. 怎么产生“新的场景”？

这个问题会让我想到人们时常会这样发问：怎样才能把一首诗或一篇美丽的散文创作出来？我们是这样来回答的，通过对言语进行灵活运用，然后加以修正，直到突然出现一个新的模式，就实现了新的言语创作。思考中的个体，不会两次都处在同样的场景中，使得言语模式也是一样的。其成分是之前的，即，那些出现的词语是我们正在使用的词汇，而冠之以“新”的称号，只不过是因为设置和以前不同而已。一个根本不擅长文学创作的人，几乎不可能把文学作品创作出来的人，为什么却可以对文学工作者所用的所有词汇运用自如呢？那是因为你不会精心推敲那些词汇，所以，你只是粗糙地使用它。而文学工作者则不一样，因为他们的本职工作就是这个，他们一定要挖空心思琢磨，因此在使用词语方面才非常出色。如此一来，在各种情感和现实的场景的影响下，他们就可以把词语很好地派上用场，记录自己的想法和见闻。在他们手里，词语就像你对打字盘上的键或一组统计数字加以使用。为了对这个问题进行更好的解释，我再举个操作行为的例子。对于帕图要制作一件新套裙，你如何假设呢？你是不是觉得，他有没有想过做好的套裙会如同他脑海中所勾勒的样子？不，他没有，他没空去描绘那样的场景；他有，他把长袍的草图描绘出来了，或者让他的助手按照他的想象去描绘。他在进行创作性工作时，即，在一开始设计这件套裙时，他有很多和这件套裙有关的组织。对于他来说，这种样式里的所有东西都是触手可及的，就像曾经所做过的一样。他在创作时把一块丝绸盖在模特身上，之后他不停地在模特身上移动丝绸的位置，扯紧或放松腰部的丝绸，高一点、低一点，再拉长或拉短裙子。如此一来，在他的手里，那块丝绸就呈现出多种状态，直到最后变成一种女服。“他必须对这一新创作做出反应，直到停下手里的动作。”创作就是如此，不管什么东西都会不同于以前。创作完成的产品会通过各种方式激发处于创作状态的他的情绪。可能他会在这个过程中把丝绸拉下来，再次陷入思考状态，也有可能会觉得满意，模特和助手也会向他投以欣赏的目光。可是，假如他正在欣赏自己的作品时，在场刚好有一个极具竞争心的时装商人，帕图会听到他这样的评价：“这套裙装确实不错，可是我怎么觉得它似曾相识，和他3年前设计的那套裙装太像了，如今的他是不是有点迟顿了？难道过于墨守成规，已经被时代淘汰了吗？”可以想象，当帕图听到这样的评价以后，会做何感想，也许他会立刻扯下这套自己设计的裙装，扔到一旁，然后开始新的创作，即，新的设计活动又开始了，直到帕图创作出令别人和自己都满意的作品，他才会罢休。事实上，这一过程就和老鼠找到了食物类似。

诗人和画家也是如此，他们在完成自己的创作时，也是秉持相同的方法。也许，诗人刚刚拜读过济慈的作品，也许刚在花园里散过步，而这时，他那美丽动人的女友正好暗示他，她从来没有听到他对她的夸赞。回到房间以后的他正好无所事事，他急于摆脱目前的状态，于是开始操作言语。他把书桌上的笔拿在手里，言语活动就被激发出来了。于是，他自然而然地创作出了那些浪漫的话语。在那种场景下，他一定会创作出快乐的、温情的作品，而不可能是哀悼词或诙谐诗。因为这对于他来说是一种新的场景，所以，当他置身于那样的场景中时，他的言语创作物的形式也会不同于以前。

第十一章

婴儿行为心理：人类最本真的行为反应

大家在说到心理学时基本上都会有这样的想法：行为主义和本能的存在是完全矛盾的。就如同有人这样跟我说："你是行为主义的开拓人，对吧？如果你对行为主义持认可态度，那么你一定不会对本能予以认可了？"我相信有很多人都秉持这样的想法，他们觉得否定本能就构成行为主义，而行为主义的实质就是否定本能。

事实上，他们不了解的是，本能的研究和行为主义的观点并不存在根本性的矛盾。因为本能如果真的存在，它也是相对于一种行为来说，并不是指完全对立于行为主义的意识层面。在行为主义者看来，本能是一种非习惯行为。既然把它定义为一种行为，那么客观的观察方法就是可以派上用场的，因此对于本能的存在，行为主义者是认可的，可是却不会对它进行定义。同样的道理，一个对本能持肯定态度的人也有可能成为行为主义者。我之所以说这些，其实就是想跟大家说，行为主义者对本能并不是持完全排斥的态度，而且，因为在婴儿身上，可以看到最为突出的本能，因此，行为主义者在对人类的行为和本能进行探讨时，会从婴儿的本真反应出发。

1. 人类幼儿研究所遇到的障碍

我们必须对一个人的生活经历进行观察，才有可能对一个人的非习得资质和习得资质进行区分，这就代表着一个孩子的幼儿期是我们观察的起点。经过长达 20 多年的观察，我们已经收集到大量的动物幼仔的实验数据，当然，是不包括人类幼儿在内的，相比对人类自身的了解，我们对于这些幼仔的了解要多得多。因为被我们的社会环境所束缚，我们在研究婴幼儿的问题上遇到重重困难。世界上数以万计的儿童吃不饱、穿不暖，在贫民窟或垃圾场所长大，人们都能够接受，可是当行为心理学家对婴儿展开实验时，他们却持反对态度。假如我们试着这样做，就会受到多方指责。

我们过去对幼鼠、幼兔、幼猴以及幼鸟等各类动物进行过密切的观察，差不多每天都陪在它们左右，这也使得我们非常了解动物的非习得资质和习得资质。实验结果显示，要想把一个复杂行为中的习得资质和非习得资质区分开来，只是凭借观察是根本做不到的。对于我们今后对幼儿的研究，这些研究奠定了良好的基础，我们可以从中寻找到一套行之有效的方法。可是，如果单纯地认为从其他动物身上所得到的研究结果，可以在其他种类的动物身上加以运用，那就太荒谬了。有些动物天生皮毛就比较厚重，行为反应也没有那么简单。一只出生仅 3 天的豚鼠就会离开母亲的照顾，而一只白鼠则需要大概一个月的时间，才能离开母亲的照顾，那是因为它们出生时非常柔弱。尽管这二者都是啮齿动物，可是却有截然不同的出生资质。这也说明了，把低等动物的研究结论运用到解释人类行为上面，简直太不成熟了。

可是，我们要想对幼儿展开研究，却会受到我们的社会环境的约束。没错，当一个孩子身体健康时，我们如果对其展开临床研究，孩子的父母马上会变得激动。在父母眼里，你所说的所有心理学方面的问题根本就不是问题，由此给我们的工作设置了障碍。然而，在这方面，我们还是做了一些努力，在约翰·霍普金斯医院里，对于约翰·霍普金斯院长威特里奇·威廉斯博士的大度，我们表示衷心的感谢，还要对哈里特·兰恩医院的内科主任医师约翰·霍兰表示感谢，我们才有了一次机会做研究。当然，这些研究方式经过了一定的渲染，我们在观察婴儿的行为心理时，核心工作就是在日常护理这个医院里出生的所有婴儿，以此展开其他的工作。

毋庸置疑，在对婴儿进行研究以前，我们需要进行一定的训练，才能在日常把婴儿的生活照顾好，其中包括生理学方面的训练、动物心理学方面的训练，以及在育儿室里进行真实的演练。

2. 妊娠期的胎儿活动

M. 闵科夫斯基在苏黎世大学对胎儿进行了这样的观察描述：3 个星期左右的婴儿就会出现心跳，大概 2 个月的婴儿的头部、躯干和四肢部分就会开始活动，这时的活动通常幅度不大，慢悠悠的、不对称，而且是失调的。5 个月的婴儿的胃腺就开始发挥作用了。

胎儿在子宫内处于什么位置，其实会极大地影响孩子出生后的行为，而且在相当长的一段时间里，孩子会抱紧自己的身躯，以和子宫内的成长空间相适应。这时，胎儿弓着背，头拼命前屈，下巴和胸部差不多贴到一起了，大腿朝腹部收缩，弯曲着膝盖，双臂不是环抱在胸前，就是放在身体两边。孩子会调节自己在子宫内的姿势，妊娠期免不了胎动，可是不会对婴儿在子宫内表现出的习惯性姿势造成影响。

3. 有意思的幼儿“本能”

我们观察了一百名从出生到满月的婴儿，也在一年的时间内，观察了一部分婴儿，最后得出这样的和非习得反应相关的一些结论：

打喷嚏：从婴儿出生开始，这个反应就通过成熟的方式表现出来了，婴儿的喷嚏的表现形式和成人的喷嚏其实是一样的，而且终其一生，不会消失。因为习惯因素几乎不会影响到它的形成，所以我们把它归到非习得反应中。我们没有尝试把打喷嚏的条件反射实验建立起来，因此我们并不清楚一个人打喷嚏的反应能不能通过其他刺激方式激发，除了嗅觉刺激以外。可是，我们在日常照顾婴儿的过程中发现，把婴儿从凉快的房间转移到炎热的房间时，以及把室内的婴儿抱出去时，他们都会打喷嚏。可是，这也许只是因为婴儿嗅觉太敏感了，因为基于不同的环境，空气质量确实会有所不同。

打嗝：通常情况下，刚降生的婴儿是不会打嗝的。一个婴儿出生 6 小时后开始打嗝，是我们如今所观察到的最早的例子。婴儿的打嗝现象从出生 7 天以后就可以很容易观察到了。生活常识告诉我们，打嗝这种生理反应，基本不会形成条件反射。打嗝其实是因为胃部被食物填得满满的，进而压迫到了横膈膜才会形成的。这也算是一种非习得的反应。

啼哭：产生啼哭被呼吸作用的建立所约束，刚来到这个世上的婴儿有时不会呼吸，这时，医院就会弄一盆冰水来，把婴儿放在里面，这时孩子就会开始啼哭。

啼哭所针对的对象只是婴儿，通过护理婴儿，我们发现，只有当婴儿觉得饥饿或者遭到不利的刺激以后，才会啼哭。像被粗鲁地对待、进行包皮切除手术或者遭到恐吓时等等。

当然，我们也没有放弃其他的了解途径，一名正在啼哭的婴儿到底会不会影响育儿室里的其他婴儿，让他们也产生啼哭，结果显示，不会。为了更好地掌控实验过程，把啼哭变成一种可以随取随用的有声刺激，我们专门制作了一个留声唱片，里面保存了婴儿的啼哭。我们先在一个进入梦乡的婴儿耳边放上这张唱片，结果没有引发这名婴儿的啼哭。接下来，我们又在一个处于清醒状态，可是却非常安静的婴儿耳边放上这张唱片，同样没有引发婴儿的啼哭现象。会引发孩子啼哭的现象，除了视觉、听觉、嗅觉、触觉、味觉上的有害刺激以外，再找不出来其他的了，于是我们得出结论，会引起啼哭反应的无条件刺激只有饥饿和有害刺激。

撒尿：从孩子一出生，就有了这个行为。无条件的刺激是以有机体的内部为开端的，婴儿刚出生时，因为膀胱中的尿液压力的刺激，他们出现了撒尿行为。其实，我们需要长久的耐心才能对一个婴儿的撒尿行为建立起条件反射。等他们慢慢长大一点，即从出生后的第三个月开始，只要费点劲，就可以让他们建立起条件反射。在这个阶段，我们可以对婴儿的尿布展开定期检查，如果每隔半个小时，我们发现婴儿的尿布没有湿，就可以把孩子放在尿壶上，以建立他们的条件反射。多做几次，就可以形成条件反应。

排便：排便的功能是与生俱来的，之所以会产生排便的反应，基本上是为了让结肠里的压力下降。为了对这一说法进行证实，我们可以在肛门里塞一支医用体温表，受到刺激的结肠基本上都会出现排便反应。

早期眼球运动：让刚出生的婴儿躺在婴儿床上，把头部水平放好，他们的眼睛会不由自主地看向有光的地方。才出生的婴儿还不能自如地控制眼球运动，他们要先对左右运动加以适应，一段时间以后，才能自如地上下运动。等到他们对整体范围的运动都适应了时，我们再将光线照射到孩子的脸上，他们的眼睛就会跟着灯光自如打转。

微笑：微笑一开始是在运动感觉的刺激和触觉的刺激下产生的，婴儿出生四天以后，通常就可以看到微笑了。当我们喂饱了婴儿，对其身体的某个部位进行触摸，像生殖器或乳头，他们就会立刻产生微笑的无条件刺激，挠婴儿的下巴或屁股，并轻轻摇晃，他们也极易出现无条件刺激。

这种无条件反射会随着婴儿的长大而转变成条件反射，大概在出生一个月的婴儿身上，我们就可以观察到了。当实验者面带微笑或者把一些幼稚的故事讲给婴儿听时，婴儿便会微笑。当然，有很多婴儿会晚一点才出现第一次条件反射，一般在 40—80 天之间。

阴茎勃起：在婴儿刚出生时，也许就会出现这种现象，而且这一生都不会消失。我们现在还不太了解引发阴茎勃起的刺激根源，可是毋庸置疑，阴茎勃起的主要刺激可能就是孩子出生时大人抚摸其生殖器或者下意识的憋尿行为，这时的刺激是无条件反射。这种无条件反射也会随着婴儿的长大而转变为条件反射，就如同成人在视觉刺激或触觉刺激下，也会勃起一样。因此，所有人都可以在一定的刺激取代物的影响下来推动情欲高潮，例如词语、声音、视频等。

到底多大年龄，勃起会成为人的一种条件反射呢？直到现在，对于这个问题都没有合理的解释，可是自慰这种行为却可以在任何年龄发生。实验结果显示，即便只有 1 岁的小女孩儿也会出现自慰的现象。当时，这名女婴就坐在水盆里嬉戏，当她把肥皂拿在手上时，偶然碰到了自己的阴道开口处，这名女婴很快把肥皂松开了，并开始对阴道进行揉搓，脸上也慢慢展露出微笑。而这样的反应也会出现在男婴身上。有关病例告诉我们，一名 4 岁的男孩会经常把母亲和保姆当马骑，当他和母亲一块睡觉时，他的阴茎就会勃起，而且会摇晃和吸吮母亲的乳头，会用阴茎蹭母亲的身体。

手足的运动：当我们挠婴儿的脚或者刺激其足底时，其大脚趾会朝外翻或上翘，而其他脚趾则会缩向下面或屈伸，这种现象就被我们命名为“巴宾斯基反射”。此外，很多成年人做不到的运动，很多婴儿一出生就会。比如，他们被我们趴着放在坚硬的地板上，他们可以啼哭着进行翻身运动，很轻松地就做到脸朝上背朝下。他们提拉双膝，并把肌肉大范围缩紧，然后放松，慢慢开始进行翻转运动，最后身体几乎相当于侧躺的姿势。大概要几个星期甚至几个月，才能完成这种笨拙的反射。最后，婴儿学会快速翻身，而且只使用最少的肌肉力量。

寻乳：即用手指轻碰婴儿的嘴角或脸颊，他的头就会往受到刺激的那个方向转过去，而且还会伸出舌头想要吸吮；其次就是妈妈把婴儿抱在怀里，他就会主动去寻找妈妈的乳头。通常到了 3—4 个月大、孩子的眼睛可对物体加以关注时，寻乳反射就不复存在了。

吸吮：即婴儿在不需要他人教导的情况下，会主动把手指或妈妈的乳头放在嘴里吸吮，而且极其有规律。做这样的反射动作时，婴儿会自己把乳头的位置找到，主动吸吮奶水，满足身体所需。婴儿通常在半岁以后，这个条件反射就不复存在了。

惊吓：惊吓反射是指忽然受到巨响或动作的刺激，比如稍微抬高婴儿的头，然后忽然放下，或者忽然发出巨响时，婴儿为了保护自己，就会伸直四肢同时手指朝外张开。当婴儿大概 3—4 个月时，惊吓反射就会消失。

踏步：踏步反射的概念是，当实验者扶着婴儿的两只胳膊，让他保持直立状态，并让婴儿的脚和地板相接触，身体微微向前倾时，婴儿的左右脚就会做出像走路一样的动作，交叉迈动。原始步行的反射动作就是这样，当婴儿大概 2 个月时，这种反射就会慢慢不见了。

眨眼：当某个物体碰到婴儿的眼睛，或者一阵风从婴儿的眼睛吹过，他就会不由自主地把眼睑闭上。可是，当他眼前晃过一个飞快掠过的球或快速晃动的手，他却不会“眨眼”。新生儿一般要满百日以后才会出现眨眼反射，而人的一生都会持续这种动作。

4. “本能”作为术语的难堪位置

经过了这么长时间的观察以及验证，我们完全有理由相信，已经不能再接受“本能”作为对人心理学名词进行说明的概念了。我们通过观察婴儿早期的成长过程，发现即便在诸多简单的动作中，习惯因素的作用已经都存在。而当我们和詹姆斯的本能理论，以及他展示出来的“本能表”，或者其他相似的“本能表”相对照时，我们就会发现，在他们展示出来的这些“本能”的行为还没有出现时，婴儿在习得反应上已经特别娴熟了。既然很早以前，婴儿的行为反应中就包含有习惯的因素，那么在理解詹姆斯的本能表里的行为时，又如何能将其视为非习得的资质呢？

通过观察婴儿的成长过程，我们发现，他们的行为，不管是哪一种，都有一段生发史。尽管孩子从一出生，就开始出现微笑了，可是没过多久，他就能建立起条件反射。举例来说，只要看到母亲，他就会露出笑容，之后当声音、图片对他产生刺激时，他也会有所反应。等他再长大一点，当某个词语、某种生活场景刺激到他时，他可能也会微笑。在这个过程中，我们笑的反应取决于我们笑的对象，以及和谁待在一起。把早期的训练放到一边，只是对本能进行探讨，这是和事实相悖逆的。

此外，我们时常会看到这样一些教育宣传标语，像“让孩子把他们内在的天性发挥出来吧”“自我实现”“自我表现”“野性”“开发孩子的潜能”等，这些词语强烈地误导了大众。其实，这种误导性质极强的词汇来源于孤僻的、对环境的作用视而不见的、喜欢把自我意识放在中心的人。像“意识流”“潜能”“本能”，也许这些词汇的发明人没有发现，他们正尝试着让人离开自然和社会环境，希望人局限于个人世界中去对整个世界进行认知。作为一个接受刺激，并反应刺激的有机体——人，环境的作用被剥离到了一边，就如同种子失去了赖以生存的土壤。即，环境的作用被抛到一边，就不可能建立个人习惯。人如果和社会之间没有有效的刺激，很多功能都会因此丧失掉。在世界的荒漠中，个人的语言、记忆、运算等多种功能都会慢慢被摧毁，直至消失。这样一来，也就毁灭了传统心理学的建设基础，因为他们在研究心理学时，总是喜欢运用“内省”“本能”这样的词汇，并反复说明人只要出生，就具备所有后天习得的资质，可是却看不见环境、刺激——反应的作用机制。

所有复杂行为的出现，都源于简单反应，再加上环境刺激的作用。为了让大家对这一行为心理学理论的核心原则有更清晰的了解，我们现在把“活动流”的概念引进来。

5. 非习得性资质

我们才刚刚开始研究人类非习得资质，通过观察婴儿出生时以及出生后的状态，我们发现，所有已经在临床神经学里建立起来的信号或反射，在其中都可以找到，像膝跳反射、瞳孔对光的反应，还有其他神经反射机制。婴儿出生以后，先啼哭，然后才会出现呼吸、心跳、血管的收缩和舒张、脉搏的跳动现象。沿着消化系统，吮吸、舌部运动以及吞咽的现象才被我们发现；饥饿时会出现抽搐现象，消化过程中的腺体反应，还有排泄。而消化系统会控制一部分微笑、打喷嚏、打嗝行为。

还有不断在成长过程中出现的躯干活动。我们会观察到，无论什么时候，婴儿的手臂、手腕和手指都是活动的，同样的，双腿、脚踝、脚也是，哪怕处于睡眠状态，如果有外部刺激对他产生些微的影响，也会产生活动。其他的活动，像眨眼、伸手抓、爬行、站立、走路、奔跑、跳跃等，在这些运动中，人的观察能力受到了极大的限制，想要区分开非习得的活动是哪些，经过训练和条件反射所形成的活动是哪些，是有很大的难度的。可是我们可以确定一点，在婴儿早期的活动中，大多数活动都源于结构生长变化，少数活动源于训练和条件反射。

6. 婴儿为什么要啼哭？

琼斯夫人为了把这个问题搞明白，专门成立了一个实验小组，这个小组包括 9 名儿童，年龄最小的 16 个月，最大的 3 岁。实验场所是赫克希尔基金会，这些之前一直由家庭照顾的孩子，现在暂时被实验者安排在那里。琼斯夫人跟踪观查了 9 名儿童，从孩子早上醒来到晚上入睡。琼斯夫人做了非常详细的记录，不仅把孩子每次微笑的观察结果都记录下来了，而且还记录了他们的每一声啼哭，而且哭泣和微笑的精准时间、哭泣和微笑对孩子产生了什么样的行为后果也都一一记录在案了。

琼斯夫人在发表这些观察结果以前，把实验的过程记录给我看了，以儿童啼哭的次数和导致儿童啼哭的场景为依据，进行排序后就有了下面的列表：

（1）必须坐在马桶上时，他们会哭泣。

（2）拿走他们的玩具以后，他们会哭泣。

（3）给他们洗脸时，他们会哭。

（4）让他们独处时，他们会哭。

（5）当大人从房间离开时，他们会哭。

（6）某种东西没有玩到尽兴时，他们会哭。

（7）没有成功地和大人或其他孩子玩，或者和大人或孩子玩时，对方没有关注到自己时，他们会哭。

（8）穿衣服时会哭。

（9）没能实现被大人抱在怀里的愿望时，他们会哭。

（10）脱衣服会哭。

（11）洗澡会哭。

（12）当大人清洗他们的鼻子时，他们会哭。

事实上，有很多场景都会让他们哭，说有 100 种都少了。我们以上所列举出来的这 12 种，只是最常见的，会引起这类反应的场景。我们可以将这些场景中孩子所给出的反应视为无条件的或者条件的愤怒反应，如（1）（2）（3）（6）（10）（11）（12）。此外，我觉得（5）（7）（9）这几种场景下的反应，应该隶属于爱的条件反射中，和悲伤场景很相近的某种东西。即，儿童对物体或人产生的依恋被这种悲伤的场景打破了，他们由此没有了可依靠的人或物，于是，就出现了反应。琼斯夫人指出，孩子们在很多场景下的哭泣行为，都密切关系到条件反射和无条件反射的恐惧反应。比如，大人让孩子们玩滑滑梯，而他们只是在台子上站着等等。在以上分类中，应该说，恐惧的反应成分在（4）（5）这两种场景中是可以找到的。

当然，在区分这些反应时，还应该对一个问题予以关注，那就是孩子们为什么啼哭。也许是因为机体的一些因素引发啼哭的，比如当儿童觉得饥饿、困倦、肚子痛，或者遭到一些相似的情况时。琼斯夫人在做了很多观察后发现，在上午 9 点到 11 点之间，孩子最容易啼哭，所以她认为这时孩子啼哭，很大程度上和这一时间段孩子机体内部的原因有关。考虑到这一因素，该研究机构在提供午餐前，会让幼儿休息两次。如此一来，就很少发生因为机体因素而导致幼儿啼哭的现象了。

第十二章

人体生理反应：外部刺激带来的行为变化

我们不妨设想一下，行为心理学家把刺激——反应的方程式派上用场，对社会问题加以解决，刺激所引发的反应给他们累积了不少数据资料，再从引发既定反应的刺激中，形成刺激源的数据，如此一来，对于我们的社会发展来说，行为心理学家的研究势必功不可没。行为心理学家始终相信，真正的社会学应该是从刺激——反应的方程式出发，去对社会现象进行研究，并以此形成社会学的结构和知识。华生的 SR 理论声称，对有机体的行为进行说明时，完全仰仗的是刺激和反应的术语。他将有机体的内部状态抛到一边，觉得这一部分是虚幻的。所以，该学说的公式也是 S—R。在华生看来，学习的本质就是养成习惯，而习惯是以学习为契机，把遗传给刺激带来的无组织、无条件、杂乱的反应变成有组织、稳定的条件反应。他在这方面提出了学习的两条基本定律。

1. 寻找有效的刺激

就像我们前面经过探讨所得出的结论一样，行为心理学是对刺激——反应进行侧重研究，可是这些问题之前从来没有人深入探讨过，或者尝试着朝这个方向努力，和前人一样，我们眼前也是一片迷雾。行为心理学家的第一个任务，就是组建一个庞大的数据库，这个数据库里面有行为心理学家采用客观实验的方法所搜罗的各种刺激——反应的资料。行为心理学家在对这些刺激——反应进行观察的同时，也会发现刺激因为表现出不同的方式，会如何影响有机体的反应，如单独显现或复合显现。我们不仅可以在测试过程中，对刺激的显现方式加以改变，包括刺激的强度和刺激作用的时间，而且实验时，这些都是可以被操作的，我们可以通过它们，来对有机体的反应进行观察。

比如，我们可以进行一个这样的实验，主题就叫“如何把一位沉睡中的母亲最有效地唤醒?”于是，我们找到一位正在自家院子里小睡的母亲。我们像日常说话一样和她讲话，可是她并没有出现任何反应，这时，她家院子里的狗开始狂吠，可是，她依然沉睡着。让人意想不到的是，狗叫声把屋子里的婴儿惊醒了，婴儿开始啼哭。这时，发生了出人意料的事情，这个刚刚还在沉睡中的母亲忽然就惊醒过来，并直接朝孩子的卧室跑去。之后，我们可以适当地重现这个实验过程，对多大的婴儿哭声以及要作用多长时间才能把沉睡中的母亲唤醒进行计算。以后，我们可以再多找几个母亲来进行这样的实验。在数据统计的基础上再进行逻辑分析，最终得出一个准确的结果。当然，这只是举个例子，目的就是对行为心理学研究过程中的科学性和严谨性进行说明。

幸运的是，尽管过去人们并没有尝试从科学层面对人的行为进行研究，可是纵观人类历史，我们的祖先还是给我们留下了最质朴的经验，上述例子就可以用这样一句谚语来概括："即使婴儿的哭声再小，也可以把一位沉睡的母亲唤醒。"

假如在你看来，上述实验只是笨拙地复制实际生活，而现实情况要比这复杂得多，而且这么顺利地对场景和刺激进行控制，几乎没有人可以做到，那我们干脆就沿着这个思路继续往下走，回到实际生活中。没有人不承认，走在正道上的社会还是希望发展得越来越好的，比如企业要想让员工更加主动、积极地工作，就可以制定各种激励制度，把更多更优秀的人才吸引过来，像住房补贴、优美的工作环境，甚至优美的休息环境。我们把各种刺激都呈现出来，目的只有一个，那就是激发他们好的反应。

行为心理学的研究也正是基于这个出发点。为了让某种好的反应可以在社会上更好地派上用场，行为心理学家也需要复制这个反应，进而来确定这种特定的反应到底要在什么场景下才会被激发。站在难以解决反应的层面来看，行为心理学的研究也可以取得效果，也就是为了使社会上消除某种不良的反应，我们也需要在实验室里复制这个反应，以便确定在什么样的场景下会引发这个反应。

比如说，我在台上发表演讲时，我看到你们中间有些人快要睡着了，尽管你们在尽力克制，可是终究还是没控制住。而且，每天都会出现这样的情况，只要我们大家在这个房间里待半个小时，一定就会有人睡着。有些人觉得，听众之所以那么快睡着了，一定是因为这场讲座特别无趣。而有些人在理解这个问题时，如果更偏重于科学、客观的角度，那么，他们也许会觉得这是因为通风条件不好所造成的。于是，他们会接着进行研究："在这样一个封闭的空间里，所有人都在呼气、吸气，氧气在减少的同时，二氧化碳在增加，而这种气体对我们的身体是有害的，而我们之所以想打瞌睡也正是因为这个原因。假如这种情况一直持续下去的话，它甚至会引发人的死亡。"这种分析是和常识相吻合的，我们先把长时间待在封闭的空间会不会引发人死亡的问题放到一边，我是在怀疑，二氧化碳含量增加会不会直接导致我们打瞌睡。我们在这方面也做了很多实验，在这里就不提及那些烦琐的实验过程了，我直接把我们的研究结论告诉你们：你之所以想打瞌睡，并不是因为空气中二氧化碳含量增加了，而是因为在这个封闭的空间里，你皮肤和衣服之间有了更多的热量。假如我摆两三台电风扇在这里，让空气开始流通，就会打消你的睡意。因此，行为心理学家研究刺激——反应，不仅可以更好地向社会推广带来好的反应的刺激场景，而且还可以遏制住带来不良反应的刺激场景。

2. 刺激可以取代

在这之前，我们已经再三申明，用刺激——反应来对心理问题加以解决是符合逻辑的，以后就不再提及了。接下来，刺激或者复杂的刺激场景，我们就用字母 S 来代表，而反应，就用字母 R 来代表。

在前面，我们曾说过，作为一种客观存在的影响力——刺激，在哪里都可以找到，而反应是有机体为了和刺激带来的侵扰相适应，而随时准备激发的一种恒定的行为模式。可是，我们再对这句话加以琢磨，就会发现这种表述存在漏洞。我们在前一章中说过，有些刺激首次作用时，并不会激发有机体的任何反应，而且我们可以非常确定地说，以后这个刺激也发挥不了作用。可是，只要我们对刺激取代这样的事实有所了解，就会明白虽然一种刺激本身不会引发人的应激反应，但并不能就此说它没办法让人产生应急反应。

比如说，当光亮投射到我们手上时，我们的手无动于衷，可是在实验过程中，当我们让被试者不仅看到这束光，而且还用小幅度的电击对被试者的手进行刺激时，他就会出现缩手的动作。用相应的频率反复作用几次以后，我们再把这束光打在被试者手上时，他就会马上做出缩手的动作。在这个实验中，产生了刺激取代的事实，原本一个刺激不会让被试者产生反应，可是却让被试者产生了应激反应。我们用“刺激的条件化”进行命名，哪怕这种表述也许欠准确。当然，上面的论述建立的基础是没有对光线进行形成条件反射。

无条件反射是和条件刺激相对应的。某些刺激可以把有机体天生就有的反应激发出来。比如光线照射眼球，人的瞳孔就会闭合，眼球会来回转动；再比如膝跳反射，口中含酸会分泌唾液等。

可是，相比条件刺激，哪怕人具备诸多的无条件刺激，依然无法与之相比。在对一篇长篇论文进行准备时，我们要考虑词语的甄选、段落之间的连贯性以及严谨性，而在这个过程中所产生的反应都来源于条件刺激。我们对生产工具所产生的反应，也是极具代表性的条件刺激的结果。可是，不管条件刺激和非条件刺激的总数量如何，都没办法进行统计。

有机体在多大的刺激范围内做出反应，因为刺激取代，或刺激的条件化而增加了不少。我们一边采用一种刺激让有机体做出反应，一边让另一种刺激作用于有机体，用来把原有刺激对他的作用取代掉。当我们在对与刺激——反应相关的问题进行探讨时，一定要搞清楚这样一个问题，这个刺激到底是无条件刺激还是条件刺激——无条件刺激是指会引发与生俱来的反应的刺激，像瞳孔接收到光线以后所产生的收缩反应；条件刺激是出现了刺激取代的刺激，像我们天生只会吃到酸性的东西以后，才会分泌唾液，可是当我们对这个刺激非常熟悉以后，我们只要闻到、听到，或脑海中出现这个画面，就会不自觉地分泌唾液，这个过程刺激被取代了。

3. 反应也可以取代

在上一个章节，我们对刺激的取代进行了探讨，现在，我们来对反应的取代进行探讨。我们已经在刺激的取代方面举了不少例子，对于大家来说很容易实现，可是大家还不太了解反应的取代，因此即便想了很久也不一定就能得出答案。可是，实验已经非常明白地向我们揭示：在有机体的成长过程中，直到生命结束，反应的取代都一直存在。我们来举个例子。

之前，一个孩子会爱抚某只猫，可是如今，这个孩子一看到这只猫就变得很不安，尖叫不停，并跑到大人身后躲起来。在这个过程中，一定发生了什么才会让孩子前后的反应截然不同。后来，我们得知，原因是这只猫之前在和孩子玩游戏时，把他抓伤了，而且还流血了，所以孩子才会出现和之前完全不一样的反应。

“猫”并没有带来不一样的视觉刺激，可是人却做出了不同的反应，这就是反应取代的例子。站在研究的立场，不管是刺激取代，还是反应取代，都具有至关重要的价值，可是假如站在处理社会心理问题的立场，相比刺激取代的研究价值，反应取代的研究价值要高多了。我们生活环境通常会带来持久性的刺激，我们整日处在这些差不多一成不变的生活场景中，像家庭环境、人际关系、工作环境等。而要想把这些环境和社会关系的牵绊替换掉，则要付出人们难以想象的代价。这其中就包括需要我们照顾的父母，需要时刻关心呵护的妻子、孩子，还有从人际关系、工作中来的多种刺激。因为生活圈一成不变，使得我们很少反省，不愿意去反省，对反省没有了感觉，最后就会出现这样的结果，当这些持久性刺激作用于我们身上时，只能让我们反复做出更伤害对方的反应。我们会对这些刺激做出失败的、对抗的反应，这些失败的反应会对我们的身体健康造成损害，并让我们的精神变得不正常。这个问题具有深远的意义，也就是说，在客观环境保持不变的前提下（刺激取代），我们能不能改变我们对这些刺激的反应（反应取代），让我们在各自的生活环境中做出稳定的、良好的反应。于是，我们的后世的希望就寄托在对反应取代的研究上。

可是在现今的实际研究工作中，研究员是漠视反应取代的，他们只把目光放在刺激取代上面。反应的抑制和条件反射一样，也非常重要，可是我们也只能忍痛放弃。

4. 建立焕然一新的反应机制

当我们对反应取代研究的重要性有所了解以后，接下来，我们就要把关注的目光放在生活中怎么建立新的反应上了。

尽管站在生理结构的层面来看，人从一出生，就已经形成了神经联结，因此婴儿期以后，头脑中不会再生成新的通路，对于我们所探讨的在生活中给成人造成的影响，可以对这些非习得反应视而不见。可是当受到适当的刺激时，这些简单的、无条件的反应却可以集中到一起，形成复杂精密的条件反应。数以千计的非习得的反应，像手指、手臂的动作、眼睛的动作、脚趾和腿的动作等，因为条件反射的原因，这些因素使我们形成了有组织的、习得的反应，我们用“习惯”来称呼它。

这些受到刺激而做出无条件的、弥散开去的反应，是怎么形成一系列有所节制的条件反应的呢？我们举白鼠进食的例子来进行解释。我们让白鼠先饿一天，然后再开始我们的研究。我们把食物放在一个铁丝笼里。白鼠要想得到食物，就必须先把铁笼上的小闩打开。可是在这以前，它从来没有这样做过。根据常理来推断，这时这个刺激应该会把它各种与生俱来的、非习得的反应激发出来，使得它必须围着笼子转来转去，啃咬铁丝，把鼻子从笼子缝隙塞进去，用爪子抓铁丝笼，嗅笼子周围。对于把铁丝笼打开所必需的反应，已经包含在这些反应中了，分别是：朝笼门口走去、抬头、用爪子拉闩子、爬到笼子里吃食。假如连续多次进行这样的实验，在这些无条件的反应中，白鼠就会慢慢发现如何才能打开笼闩，之后那些与之无关的反应就不会存在了。在学术上，和为了把问题解决而在无条件反应中产生的相似的反应，就被叫作新的或者条件化的反应，即我们常说的习惯。

在习惯养成的领域，内省主义者和行为心理学家都做了不少研究，像习惯养成的因素、习惯的科学性、习惯的持久性、习惯的重塑等问题，哪怕有很多学者已经对习惯养成的问题进行过研究，而且累积了不少习惯的数据资料，可是却依然没有人可以从中归纳出习惯养成的公理。导致直到现在，依然会有很多人声称，习惯养成和刺激——反应的条件反射的关系还有待明确。可是我觉得，也许是因为我过于简化这个问题了，我不觉得它们之间的关系有什么不清楚的。当我们对习惯进行探讨时，刺激通常是固定的，因此，习惯的养成只是建立了一种条件反应，就像我们在公路上看到红绿灯时所做出的反应，又像我们早晨起来的反应，还有使用工具的反应。作为对固定刺激恒定不变的反应形式——习惯，就使得这个过程中的刺激也是恒久不变的。我们只是以非条件、非习得的反应为源头，组建了一套从前没有的条件反应。我们还会在后面的章节中对“习惯养成”的问题进行探讨。

5. 腺体反应中的刺激取代

我们在前面已经说过，有机体对刺激所做出的反应是从身体的两组组织中来的，分别是腺体和肌肉（横纹肌和内脏）。安雷普博士——巴甫洛夫的一位学生曾经说过，唾液腺和人体肌肉系统中的其他混合起来的器官不一样，它是一个独立的器官。相比其他肌肉活动，这个腺体活动起来分级要容易得多，因此我们通常在实验中选择唾液腺进行研究。

一般情况下，把食物放到人的口中，是可以让唾液腺产生反应的原始刺激。而刺激取代的研究课题是，能不能放弃原始刺激，而采用其他不能引起唾液腺产生分泌反应的刺激物，像几何图形、简单的声音、身体的碰触或某个符号等，来让有机体唾液腺产生分泌反应。

在动物领域，刺激取代方面的研究进展要比在人类领域的研究深入多了。巴甫洛夫——俄国生理学家，以及他的学生主要负责条件反射的研究工作，就像前面所说的，他们的首个实验对象是狗。

一开始，他们在狗的腮腺管上施行了一个简单的手术，开了一个小口子，用管子和出口相连，以便唾液腺分泌出的唾液直接通过管子流向外面。而且，连接管子和测试仪器，以方便仪器对唾液滴数进行测试。在这个实验过程中，需要隔离开狗和实验者，以免因为实验者带来的视觉、听觉和嗅觉上的刺激，会对其产生影响，影响最终的实验结果。整个过程中，研究员施加在刺激上的作用，都是在另一个房间进行的。

实验者通过观察发现，假如我们同时摆上条件刺激和非条件刺激（即可以引起唾液腺产生分泌反应的刺激），或者非条件刺激位于条件刺激后面，那么，这两种情况都会引发刺激取代作用，而且也会建立起条件反射。可是，假如我们把非条件刺激在条件刺激之前派上用场，那么就不会产生条件反射。大量实验结果显示，只有在非条件刺激前添加条件刺激，并反复加以综合使用，才会产生条件反射，两个刺激施加之间要间隔几秒钟到5分钟以上不等的时间。

接着探讨上面狗的条件反射实验，假如我们现在想以触觉刺激的方式来使条件反射派上用场，那么我们就可以在狗进食前刺激一下它的腿部，当然是通过触觉的方式，之后间隔相应的时间再进行无条件刺激，要不了多长时间，触觉刺激（条件刺激）就会让唾液腺开始分泌，就如同狗食（无条件刺激）所产生的作用一样。如此一来，就形成了一个完整的刺激取代的案例。通过这种刺激取代，我们就可以对一个动物可以在多大的范围内对感官刺激做出反应进行测试。

上面的实验形成条件反射的方式是通过对狗施加触觉刺激，刺激取代的发现在很多领域都是适用的。假如我们要对狗或其他动物能在多大范围内对感官刺激做出反应进行测试，按照这个步骤就可以完成。如果我们已经有了一只狗，在受到光线刺激时，可以做出条件反射，那么现在为了把它可以在多大范围内对光线波长做出反应测试出来，我们就可以对刺激光线的波长不断地压缩，直到狗不再产生反应为止。如此一来，我们就可以把狗在多短的波长中可以做出反应的范围测试出来了。同样的道理，我们也可以对刺激光线的波长不断增强，直到狗不再产生反应，就可以把狗在多长的波长中可以做出反应的范围测试出来了。依照这个步骤，我们也可以把狗对听觉刺激做出反应的范围测试出来。研究者已经发现，相比人类，狗可以对音频做出更大的反应范围，之所以会取得这样的研究成果，都和刺激取代的发现息息相关。

6. 腺体反应的分化

腺体反应的分化的概念是，动物腺体受到同一种感官刺激，对于不同范围的感官刺激做出不一样反应的分化现象。我们仍然举狗的唾液腺分泌反应的例子。我们先这样质疑一下，我们能不能够让狗在被听觉作用刺激以后，当音调不同时，所做出的反应也不一样？就好像让狗在面对音调 A 和音调 B 时反应完全不同。通过实验，我们得出了这样的结论，在狗可以接受的听觉刺激的范围内，当音调不同时，它的反应也会不一样。有些实验者觉得，对于极小的音高差，狗确实可以做出精准的分化反应，而有些研究者则觉得，狗做不到这一点。我们把上述事实列举出来，是有一个这样的前提条件的，那就是在实验过程中，必须严格控制不同音调刺激的使用，也就是必须在喂食狗以前，才能使用音调 A，而当音调 B 响起来时，是绝对不允许喂食的。只有这样，我们才能取得理想的效果。

在测试其他感觉领域时，也适用于相同的方法，像狗对气味、光线波长、触觉的差异等做出的分化反应。

研究了狗的唾液反射以后，我们开始比较清晰而深入地了解了刺激取代：

（1）建立条件反射和建立习惯一样，都是变化的，而不是固定的。如果我们已经以刺激取代的方式建立了一种条件反射，能够在每次施行条件刺激以后都做出反应，可是，如果我们取消了事后的非条件刺激，不需要多长时间，条件反射就会不复存在了。可是，日后只要把以前的实验过程再来几遍，快速建立起它们就不是问题。通过测试狗的唾液腺分泌反应，我们发现，某只狗只要形成了条件反射，就算中间间隔了两年的时间，只要对它进行几次强化实验，就可以让它彻底恢复。

（2）实验过程中，可以巩固取代的刺激，进而使条件反射在其他同类的刺激身上都消失。就好像某个音调使狗产生条件反应以后，同样的反应都不会因为其他任何音调而引发。

（3）掌握刺激的程度，可以改变反应程度。假如实验者想增强反应的程度，只要对刺激的程度进行增强就可以达到。我们还发现，假如在之后的实验中，忽然中止了可以引发条件反射的一种连续刺激，也会增强反应的程度。

（4）刺激取代中还能够使反应的累积效应予以实现。举例来说，实验已经让我们建立起狗对声音和颜色的条件反射，而我们将在之后的过程中一起摆上这两个刺激，那么就会显著增加狗分泌出的唾液数量。

（5）条件反射也是可以消退的。在前面，我们曾经说过，条件刺激如果没有实行，就会让条件反射消退。可是我们也可以反其道而行之，也就是快速地反复进行刺激，从而消退条件反射。可是，和你想象的截然不同，这种消退现象是以实验对象的疲惫状态为源头的。实验结果告诉我们，一只狗如果可以对声音和颜色都做出条件反射，当视觉刺激所引发的条件反射消退后，通过听觉刺激，它仍然可以产生条件反应。

7. 有关人类的“流口水”实验

前面我们所进行的所有实验，对象都是狗，可是由于实验条件所限，我们不可能在对人进行实验时，也像对狗一样施行开口手术。正是因为这一点，K. S. 拉什利博士研发了一台可以测试人的唾液分泌的小型仪器。它是一个直径和五分钱的硬币一样大的小圆盘，在设置结构时可谓是花费了不少心思，圆盘中间是个槽，盘内的空间因此被一分为二，而且是没有通道相连接的。每个小室和外面都有一根细小的导管相连接，一个的作用是把唾液引出口腔外，以便测试，另一个是和抽吸器相连接，使圆盘部分处于真实状态，以便它可以和人脸颊的内表面紧密贴合。如今这套仪器被叫作“唾液计”，人们把它戴上以后，不会对正常生活造成任何影响，远比你想象的舒适。

这个仪器被研发出来以后，我们对狗的唾液腺所进行的测试，就可以在人的身上进行了，实验结果显示，人对刺激取代会做出和狗一样的反应。就好像在人面前放了一个装满了酸液的滴管，人的唾液腺不会因为这样的视觉刺激就开始产生分泌反应，可是如果将这个酸液滴进人的口中，那么人今后只要看到这个滴管，就会快速产生分泌反应。我们不仅在这里建立了被试的条件反射，而且还扩大了被试唾液反应的刺激范围。

对于“内省”，我们在这里产生疑问，动物腺体条件反射的过程，什么“观念联想”的问题压根就不存在，腺体开始或不再进行分泌活动，也并不是受到意愿的掌控。这样一来，怎么才会产生“内首”？

那么，其他腺体到底是怎么建立条件反射的？巴甫洛夫和他的学生还有众多研究者都已经验证过，胃腺和其他内脏腺就像唾液腺一样，可以形成条件反射。尽管还没有开始研究一些其他管道腺条件反射，可是我们完全可以相信，只要安排好非条件刺激和条件刺激的关系，它们和这些腺体形成条件反射的机制就会是一样的。而像甲状腺、肾上腺、松果腺等这类无管腺的特殊腺体，能不能形成条件反射，截止到现在，我们还没办法进行实验。可是条件反射可以在情绪反应中形成，和全身的腺体作用是息息相关的。在这中间，无管腺和其他腺体一样，也发生了条件反射。我们有确凿的材料显示，肾上腺和甲状腺发挥功能的步调在形成条件反射的情绪反应中完全不一样了。

8. 各种反应中的刺激取代

我们的生活阅历告诉我们，我们很难因为受到普通视觉或听觉的刺激而产生反应，可是能够引起手臂、腿部、躯干、手指等横纹肌条件反应的刺激的取代却是可以实现的。举例来说，像划伤、摩擦、点击等刺激，可以使原本不足以让人看到它们就产生反应的事物引起了像手臂、手指等横纹肌的反应，这一切都是因为之前对它进行了刺激。

再举个例子，一般的电子蜂鸣器的声音，不会让我们的身体产生任何反应，可是如果把它和电击相连接，只要蜂鸣器一响起，就稍微电击一下被试者的手，连续多次以后，只要蜂鸣器再响起，被试者的手就会形成条件反射，很快缩回来。

上面所说的就是横纹肌的条件反射。在整个人体反应领域中，可以引发人的各种情绪反应的无条件刺激也不是不能被取代的。之前的实验结果已经告诉我们，在条件反射领域内，已经对可以引发情绪反应的原因进行了解释，刺激数目可以一直上升的原因，就是它们作用于内脏组织了，在这个过程中，情绪的引领或人为意志的掌控都是可以忽略的。这些实验者已经把情绪内省理论的需要排除出去了，相信之后的内省主义者，哪怕是这样也依然会跟大家乐此不疲地讲述内省的道理，就好像这种情绪理论真的存在一样。

对刺激取代的研究，其实根本就不在内省主义者的研究领域之内，对于这些反应，他们根本无法掌控。事实也进一步验证了，内省主义的心理学研究方向实在是太匮乏了，太空无一物了。在今后的论述中，我们将会继续说明，它根本称不上真正的心理学研究方法，只是在对人体反应进行探讨时所用到的错误概念。

9. 手的惯用性

在用手习惯的问题上，行为心理学家也进行过细致入微的观察，我们相信，我们的用手习惯，即左右手分工的问题事实上还没有形成明确、固定的分工，在没有真正受到社会因素的影响时。孩提时代的我们，因为较少接受社会训练，我们在使用左右手时可以按照自己的喜好来，不用顾及其他，可是当我们慢慢有了自理能力以后，大人就会告诉我们：“你应该用右手”“用右手拿笔”“用右手拿刀子”“用右手和别人握手”。在很多场合下，我们会不由自主地给右手的使用创造机会，就如同有的人把孩子抱在怀里时，会不自觉地为孩子的右手腾出空间，以便他可以和别人道别。社会的影响就是这样对我们的左右手使用分化产生源源不断的影响，时间长了，就形成了强大的条件反射。可是，我们为什么习惯于用右手，如果对这个问题追根求源，可能要回到原始社会。

在人类把狩猎当作赖以生存的手段的时期，因为心脏位于人胸部的左边，我们的祖先为了保护自己的心脏，就要用左手举盾牌，而右手负责进攻，处理一些复杂的工作。如果这么来理解的话，就可以解释人类为什么一直习惯于用右手来处理复杂的事物了。文字和书稿并不是在人类彻底摆脱了狩猎时代才开始发挥作用的，实际情况是，文字和书稿在盾牌和武器刚刚在人类文明中被闲置下来，就开始发挥作用了。在推动整个人类文明发展的进程中，事实上，打造武器、裁剪服装、书写文字，以及手工制作各式各样的东西，都依赖于人们的右手。

曾有人这样说，历史上很多知名人物，都习惯于用左手书写，于是就有人得出这样的结论，很多智慧超群的人都惯常于用左手，于是他们就想把自己使用右手的习惯给改掉。可是我觉得，假如建立这种习惯时，还处于初步成长阶段，而且采用了非常合适的方法，那么就不会伤害到他们。同样的道理，如果有人想要对那些抵抗社会压力的执拗分子、坚持用左手处理事务的人进行纠正，我们也要秉持一样的态度。

假如是在成长后期进行这种纠正的话，会有很大的难度，而且会损伤孩子的心智。我们的表达能力是一种通过书面形式，把行动用语言来表达，在肢体上，把语言通过行动表达出来的能力。如果我们强迫一个习惯于用左手的人使用右手，或者反过来，就会对孩子的心智造成很大的损伤，也许会使其心智退回到 6 个月时的水平。其实，这个过程是一个对表达能力持续侵扰的过程，因为语言和用手习惯形成了长久的条件反射，肢体上的使用受到约束，一定会挫伤表达能力。让他重新建立使用另一只手的习惯，相当于要重新用肢体去把表达的习惯建立起来，用表达去把用手的习惯建立起来。如此一来，孩子就相当于退行到了婴幼儿时期。所以，当家长和老师在影响这些孩子时，态度也好，处理方式也好，都要慎之又慎。

因此，在行为心理学家看来，不能用本能来看待手的使用问题，而且手的使用问题也不是取决于生理上的原因，事实上，左右手分化的使用习惯是在社会环境的影响下所建立的条件反射。为什么有的人可以一直用左手，有的人可以左右手交叉使用，其实用成长过程中所建立的条件反射都可以解释。

10. 行为心理学家也要对“人体构造”进行研究

稍微了解生理学、解剖学的人都知道，在这两个学科里，人体是被分开研究的。我们要弄清楚的是，消化系统是什么？循环系统是什么？呼吸系统是什么？神经系统是什么？之后逐个研究这些系统里的各个器官。可是，行为心理学则是从完全相反的角度进行研究的，他们的研究角度是整体的行为反应。行为心理学家是对整个有机系统的和谐动作进行研究的，而不是对局部器官的活动进行研究的。每个器官功能方面的知识的重要性在这里都遭到了削弱，哪怕行为心理学家对这方面的知识一无所知，也不会对其后续研究产生影响。不过，对于行为心理学家来说，了解一些生理学方面的知识总是有好处的。

相比现在人类所创造的所有事物，人体结构要精细得多，也复杂得多，很多错综复杂的活动，它都可以应付自如，像计算、规划、表达、构架……可是其虽然拥有多种能力，可是却有一定的局限性。人类的奔跑速度、可以举起的重物的重量以及在地上存活的年限都是有一定的限制的……尽管人体可以对很多事物进行处理，可是其实质上和机器一般无二，器官机器只要坏掉了一个部分，就会使整个机器都出现问题，进而无法正常运行。内省主义者认为人体中的中枢神经系统非常神奇，可是行为心理学家却更加关注人体横纹肌、胃部平滑肌以及腺体。因此，内省主义者时常批评他们。

客观地说，神经系统和肌肉腺体都是组成人体的一个部分，正是因为有神经系统，肌肉和腺体才能在受到刺激时，做出更协调、更快速的反应，不包括什么神奇的部分。因为神经系统的原因，一个正常人的身体在受到刺激时，会快速做出反应，可是动、植物因为没有神经系统，所以当它们受到触摸、光线和声音刺激时，它们的反应会很迟钝。神经系统就如同一个传感器，反应器（肌肉和腺体）所接收到的刺激信息就是由它传递的。之所以做这番介绍，就是想让神经系统也引起行为心理学家的关注，而不只是将其看作是一个器官。

如今，人们都知道，我们人体组织是由细胞和细胞组成的器官所构成的，只有借助显微镜，我们才能看到构成生命物质的微小单位的细胞，细胞的外面包裹着一层细胞核。细胞内有一团细胞质，这种化学物质的成分非常复杂，包括很多种类型不一样的微粒。通过研究，我们发现，人体的各个器官——心、肝、脾、肺、肾、皮肤、肌肉、腺体等，就是由四种种类不一的细胞和它们组成的基本物质，在不同的组合方式下形成的。

如果我们可以使用不同种类的细胞，那么，现在要我们创造一个人体出来，我们应该怎么做呢？

首先我们需要先加工人的表皮，把一些细胞组成覆盖在人体的表面上，之后对一些特殊部位的细胞的组织结构进行改变，以方便我们对手、脚、头发进行分辨。还有一些像眼角膜的结构，我们需要对组织中的细胞进行更换，以方便其透光。为了把消化系统创建出来，我们还要使用一些细胞组成内管和内腔，然后形成消化道——嘴、舌、胃、小肠和大肠。我们还要使用细胞把血管和脑内通道建立起来，之后把这些组织合并成腺体的结构……当一个个器官被创建出来以后，我们还要对其进行一下简单的分类，可以分为感觉器官、反应器官、神经系统器官等。行为心理学家之所以对器官进行研究，也是为了对刺激进行间接的分析，我们下面用一个表格，将其更直观地呈现出来：

感觉器官	感受到的刺激
视觉——眼睛	微弱的震动
听觉——耳朵	空气的传播
嗅觉——鼻子	各种小颗粒(气态物质)
味觉——舌头	有味道的物质(液体或固体)
肤觉——皮肤	暖、热、冷、寒、刺割、灼烧
动觉——肌肉	肌肉和肌腱位置的变化
平衡——耳朵	头部或颈部位置的变化

此外，行为心理学家还需要设计管状腺、甲状腺、甲状旁腺、肾上腺、发身腺等各种腺体。假如有人向我咨询学这些的原因，我会告诉他，因为行为心理学不仅是一门心理学，也是一门自然科学。之所以对人体构造进行研究，也是为了给接下来的实验奠定基础，但是不需要太深入地了解这些东西，因为在行为心理学家看来，它们只是一种研究的手段而已。